수학유희 I

이영숙 감수 조동기 지음

KYOWOO

Before...

저자는 학교에서 수학동아리를 계획하는 단계에서 활동소재를 찾던 중 우연히 수학트릭을 알게 되었고 더하여 마틴가드너(Martin Gardner, 1914년 10월 21일 ~ 2010년 5월 22일) 및 많은 유희수학가의 작품을 문헌과 구글링(googling),유트브(youtube)를 통하여 접할 수 있었었습니다. 익숙치 않은 조작, 문화, 언어의 문제로 어려움을 겪었지만 매 수업시간 하나 이상의 수학트릭을 하고픈 목표로 수학트릭을 수집한 후 원리를 찾고 같은주제로 연결하여 우선 정리된 트릭을 중심으로 수학유희 I로 선보입니다. 많은 학교 선생님들과 학생들이 본 저서를 통하여 유희수학에 관심을 가지고 보다 참신하고 학교 현장에 유용한 트릭을 만들어 수학하는 즐거움이 교과서를 넘어 문화코드로 자리 잡히는 동기가 되었으면 합니다.

수학마법은 마법이 실행되는 원리가 수학적 내용과 원리에 기초하고 있으며 이러한 수학적 내용과 원리는 학생들에게 부여되는 결과가 아니라 학생들이 참여하고 해석하여 알아가는 가운데 스스로 체득하는 개념으로 학생들에 의하여 구성되어지는 지식입니다. 그 과정을 좀 더 살펴보면 마법 시행과정에서 변화시킬 수 있는 변수와 바꾸면 시행이 안 되는 부분을 가려 생각하는 힘과 발견하는 하는 힘을 키울 수 있으며 이 과정은 시행되는 마법의 구조를 꿰뚫는 과정이라 할 수 있는데 수학 공부하는 방법과 목적이 공유될 수 있는 부분으로 수학지식 습득 이상으로 수학 공부하는 태도와 자세에 변화가 있으리라 기대됩니다. 마법에 대한 호기심과 관심이 수학지식과 연결되어, 방법과 그 원리를 알아가고 응용하여 새로운 수학마법을 개척해 가며 이를 시연하고 서로 설명하는 과정은 요즘 강조되는 수학적 힘과 의사소통을 향상시키는 과정과 같다고 할 수 있습니다.

보통 마법하면 그 원리와 방법은 비밀에 부처집니다. 마법은 일단 그 원리와 방법이 공개되면 효과에 비하여 원리의 비약함과 속임수라는 부정적인 이미지 때문에 기대감이 떨어집니다. 하지만 수학마법의 바탕이 되는 수학적 원리 자체가 마법의 효과보다 더 흥미로운 경우가 많으며 수학에 의한 마법이라는 후광에 힘입어 마법의 효과가 더 크게 느껴집니다.

본서에서 다루게 되는 수학마법은 우리 주변에서 쉽게 접근 가능한 카드, 동전, 주사위, 줄, 링 등을 이용하는 것으로 유희수학 I 에서 많이 이용되는 카드를 설명하면 두 개의 조커를 포함한 54장의 카드로 한 벌이 구성되어지고 대부분의 수학마법은 조커를 제외한 52장의 카드만을 이용하게 됩니다. 52장의 카드구성은 다음과 같습니다.

1. 각각의 카드는 네 개의 옷(문양)과 뜻이 있습니다.

문양	♡	♠	♣	◇
뜻	사랑	죽음·파멸	사교·만남	재물·돈

2. 각각의 카드에는 1~10까지의 숫자와 Jack=11, Queen=12, King=13을 부여하여 1~13까지 연속된 숫자를 가진다. Jack, Queen, King을 그림카드라고도 한다.

위 카드는 옷(4)×숫자(13)=52장으로 구성될 수 있으며, 4×13×2(검정, 빨강)×2(앞면, 뒷면)×2(대칭)=416가지의 속성이 있습니다.

책의 구성과정은 기초산술, 함수, 논리, 기하(위상), 게임등 수학전반에 걸친 내용을 담고 있으며 작은 제목안에 좀더 세분화된 소재를 기입하였습니다. 학교수학에서 학생들이 접근하기 쉽고 흥미로운 수학내용과 원리에 기초한 마법으로 가능한 구성하였으며 각 마법마다 수학적 배경과 원리를 실어 놓았습니다. 또한, 각 마법마다 사진과 동영상을 제작하여 따라하며 익히기 쉽도록 하였습니다.

http://goo.gl/Q0RjPy

목차에 위 첫 번째 그림이 있는 것은 유투브 동영상이 단축주소와 QR코드로 링크되어 있음을 알려줍니다. 또한 수학유희Ⅱ(수학유희 Ⅰ의 응용편)도 준비중이오니 많은 관심 바랍니다.

"내용상 조작이 많은 것을 다 정확히 표현하지 못하고 부족한 것이 사실입니다. 의문점이나 잘 안되는 것이 있으시면 유투브나 블로그 또는 010-2823-4159로 문의해 주시면 최대한 성심성의껏 답변해 드리겠습니다. 고맙습니다."

목차

수학유희 I

001

44마법

44마법은 간단한 산술을 이용한 수학마법이다. 원리에 비해 시행방법과 결과가 흥미로운 마법이며 변수와 상수가 많아 응용될 수 있는 범위가 넓다.

① 52장 한 벌의 카드를 준비하여 뒷면으로 놓는다.

② J=Q=K(그림카드)=10으로 간주한다.

③ 마법사는 정상인 카드라는 점을 확인시키면서 Bottom에서부터 아홉번째 장 카드를 확인한다.

④ Top카드를 앞면으로 하여 테이블에 놓고 앞면카드의 숫자에 더하여 10이 되는 카드장수를 두 번째 카드부터 뒷면으로 해서 앞면카드위에 놓는다.

⑤ 계속하여 남은 파일의 Top부터 ④의 과정을 반복하여 4개의 파일을 만는다.

⑥ 마법사는 4개 파일의 Bottom에 보이는 숫자의 합(N)만큼 남은 파일에서 하나, 둘 세어 가며 N번째 카드를 보여준다. 이는 바로 마법사가 ③에서 확인한 카드이므로 마법사는 어떤 카드인지를 보여주면서 카드를 정확히 말할 수 있다.

Bottom 에서 9번째 카드가 A♥임을 확인한다.

뒷면인 파일의 top이 6이다. 10이 되려면 4가 더 필요하다.

4장을 숫자아래에 놓는다.

그다음 카드가 9이므로 한 장, 그림카드이므로 패스, 그 다음카드가 8이므로 두장을 놓아 모두 4개의 파일을 만든다.

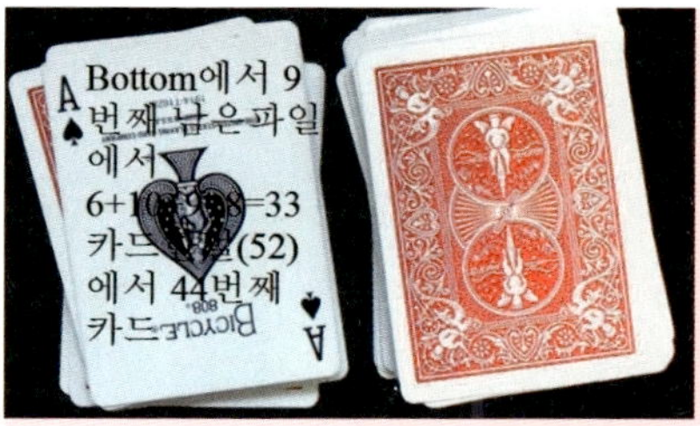

4개의 파일에서 보이는 카드 숫자의 합 6+10+9+8=33 이므로 이제 하나, 둘, 셋 하면서 33장을 놓게 되는데 44(11(놓여진 카드)+33(보이는 숫자의 합))번째 카드가 바로 마법사가 처음 확인했던 bottom에서 9번째 카드가 되므로 마법사는 44번째 카드가 뒷면인 상태에서도 정확히 카드를 알수 있다.

원리 테이블에 놓여지는 한 파일의 카드장수와 보이는 카드의 숫자의 합은 항상 11이 된다. 따라서 처음파일의 top에서 44번째(bottom에서 9번째)인 미리 확인한 카드를 마법사는 말할수 있다.

그림카드는 반드시 10이어야 하는가?

변화될수 있는 값으로 어떤 값이되어도 마법은 성립된다.

top부터 44번째 값만 예측할수 있는가?

테이블에 놓여지는 작은파일의 개수에 따라 11, 22, 33, 44째 카드값을 예견할수 있다.

002

44마법 응용 1

① 마법사는 한 벌의 카드(52장)에서 관중이 임의대로 12장의 카드를 고르게 한후 남은 파일의 마지막 장을 확인한다.

② 관중은12장의 카드에서 다시 4장을 골라 앞면으로 놓고 나머지 8개의 카드는 남은 파일의 Bottom에 놓는다. 마법사가 ①에서 확인한 카드가 Bottom에서 9번째 카드가 된다.

③ 관중이 고른 4장의 각 카드의 숫자에 대하여 합이 10이 되도록 만드는 카드 장수를 뒷면으로 해서 놓아 4개의 파일을 만든다.

④ 처음고른 4장의 카드 숫자(만들어진4개 파일의 맨 밑에 보여 지는 카드숫자)를 합한수(N)만큼 남은파일에서 세어나갈 때, N번째 카드를 마법사는 알 수 있다.

①~②에서 마법사가 확인한 카드는 Bottom에서 9번째 카드인 ♠1이 된다.

①에서 관중이 고른 네 장의 카드

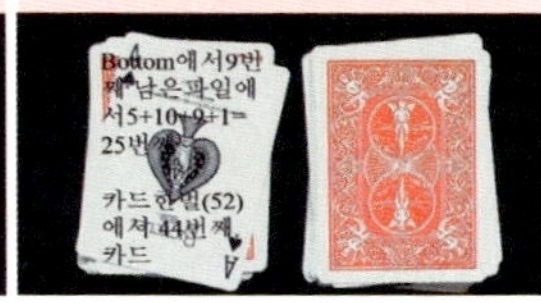

003

44마법 응용 2

① 52장 한 벌의 카드를 준비하여 뒷면으로 놓는다.

② J=Q=K(그림카드)=10으로 간주한다.

③ 마법사는 Bottom에서부터 아홉 번째 장 카드를 확인한다.

④ Top부터 열, 아홉 ,여덟 숫자를 소리 내어 세며 앞면으로 순서대로 바닥에 놓는다. 말하는 숫자와 그때 해당되는 카드의 숫자가 같으면 멈추어 하나의 파일을 만든다.

⑤ 계속하여 남은 파일의 Top부터 다시 열, 아홉, 여덟 숫자를 세어 마지막 일

까지도 말하는 숫자와 일치하는 카드가 없으면 열장의 카드 위에 한 장(뚜껑)을 뒷면으로 하여 파일을 만든다. 이와 같은 방법으로 4개의 파일을 만든다.

⑥ 4개의 파일 중 뚜겅이 있는 파일 외에 파일의 Top에 보이는 숫자의 합 N만큼 남은 파일에서 하나, 둘 세어 가며 N번째 카드를 보여준다. 이는 바로 마법사가 ③에서 확인한 카드이므로 마법사는 어떤 카드인지를 보여주면서 말할 수 있다.

③한 벌의 카드 밑에서9번째 카드가 ♠1임을 확인한다.

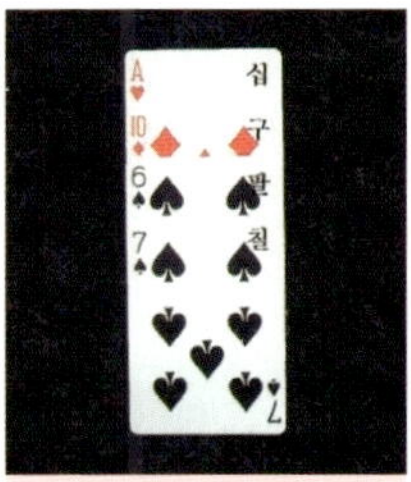

④에서 첫째, 두 번째, 세 번째, 4번째 카드가 1, 10 ,6 ,7이므로

1	10	6	7
십	구	팔	칠

4장의 카드가 한 개의 첫 번째 파일이 된다.

④~⑥두번째 파일에서는 십, 구 두번째에서 일치한다. 세 번째는 시작이그림카드이므로 십으로 끝나고, 네번째 파일은 한번도 일치하는 것이 없어 뚜껑을 덮는다.

⑦네 개의 각 파일 마지막 카드 숫자의 합은 (7+9+10+0=26) 남은 본파일의 위에서 26번째 카드는 밑에서 9번째 카드(♠1)가 된다.

원리 4개의 파일 중 파일1에서 보여 지는 숫자가 3이라면 파일1에 있는 카드의 개수는 여덟개다(십, 구, 팔, 칠, 육, 오, 사, 삼). 파일2에 보여 지는 숫자가 5였다면 여섯장의 카드(십, 구, 팔, 칠, 육, 오)가 쌓여 있을 것이고 파일에서 쌓여진 카드와 보이는 숫자의 합은 8+3=11=6+5가 된다. 또한 보여 지는 카드가 없이 뚜껑이 있는 파일 안에 있는 카드의 장수는 열한장이 된다(십,구, 팔, 칠, 육, 오, 사, 삼, 이, 일 +뚜껑(뒷면인 카드). 정상인 카드 한 벌의 카드 장수는 52=43+9이므로 밑에서 9번째에 있는 카드가 위에서 44번째에 있게 된다. 한 예로 52장의 카드에서 네 개의 파일을 만드는데 나열하면서 말하는 숫자와 일치하는 카드가 없었으면 52에서 11×4=44, 즉 마지막 4번째 파일의 두껑이 관중이 고른 카드가 되었을 것이다. 쉬우면서 응용하기 좋은 카드마법이다. 카드가 52장이 안된다면 밑에서부터 9장에서 모자라는 카드를 빼면 된다.

십진법이란?

수의 자리위치가 오른쪽에서 왼쪽으로 하나씩 이동되는 위치에 따라 10씩 곱해지는 값을 갖는 수체계이다.

예) 123=1×100+2×10+3×+1

004

십진법 마법

문자와 식에 대한 이해를 돕고 변수를 이해할 수 있는 마법이다.

① 관중은 임의대로 고른 카드 숫자에 2를 곱한다.

② 3을 더한다.

③ 5를 곱한다.

④ -15를 한다.

⑤ 카드문양이 ♣은 1, ♡는 2, ♠는 3, ◇이면 4를 더한다.

⑥ 마법사는 ⑤의 결과를 보고 ①에서 관중이 고른 카드문양과 숫자를 알 수 있다.

원리 a, a=10의 자리는 숫자, b=1의 자리는 모양의 정보를 준다.

4♠	관중이 고른 카드 숫자 a
4×2	2a
+3	2a+3
×5	(2a+3)×5
+3	(2a+3)×5+b
−15	(2a+3)×5+b−15
43(♠)	(2a+3)×5+b−15=ab

005

십진법 마법 응용 1

① 한 벌의 카드에서 아홉 장의 Heart(1~9), Spade(1~9) 9장씩 18장의 카드를 준비한다.

② 관중은 한 장씩 H, S를 임의대로 고른다

③ 마법사는 관중에게 H의 숫자 두 배에 1을 더하고 그 결과를 다섯 배 하라고 한다.

④ ③의 결과에 S의 숫자를 더한다.

⑤ -5를 한다.

⑥ 마법사는 ⑤의 결과를 보고 관중이 랜덤하게 고른 H, S 카드를 알 수 있다.

006

합이 10(일대일 대응)

① 뒷면인 한 벌의 카드에서 임의대로 두 장을 꺼내어 뒷면으로 놓는다.

② 그림카드는 10으로 생각한다.

③ Top부터 앞면으로 카드를 바닥에 놓되 10(그림카드)인 또는 합이 10인 카드 쌍에 새로운 카드 1장 또는 카드 한 장씩 (모두 두 장) 앞면으로 놓는다. 예로 첫 장이 그림카드였다면 그 위에 한 장을 앞면으로 놓고, 앞 면이 2와 8이라면 2와 8위에 카드 한 장씩을 앞면으로 놓아 파일을 만들 어 간다. 해당 상황이 없으면 계속 Top부터 카드를 바닥에 놓고 합이 10이되는 카드쌍이나 10인카드를 찾아 카드를 위에 놓는다

④ 카드가 모두 바닥에 놓였을 때 파일의 Top 앞면 카드의 합이 10이 되는 쌍들을 제거한다.

⑤ 합이 10이 안 되는 파일이 두 개 이하 있을 것이고 두 파일의 첫 장과 처음 꺼냈던 카드 두 장을 비교하게 되면 합이 10이 된다. 이로써 마법사는 ①에서 관중이 꺼낸 두 장의 카드 숫자를 알 수 있다.

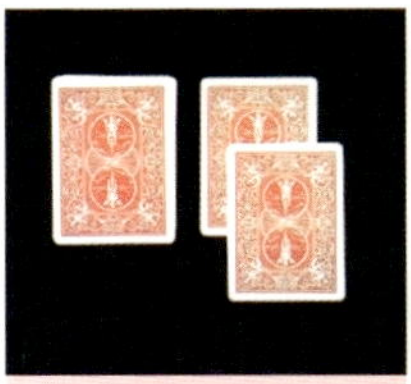

두장의 카드를 따로 놓는다.

처음세장의 카드

합이10인 7과 3에 한 장씩 놓는다.

합이 10인 6과 4에 한 장씩 놓는다.

합이 10이되는쌍이 없으므로 계속 카드를 놓는다.

1과9의 쌍에 한 장씩 놓는다.

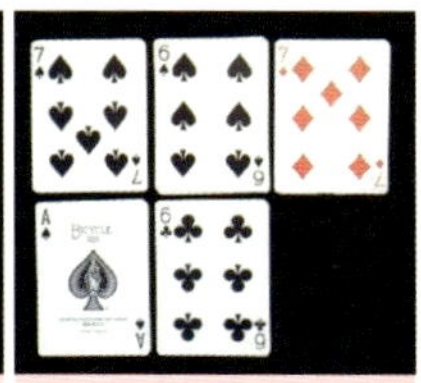

그림카드는 10이므로 그림카드위에 한 장을 놓는다.

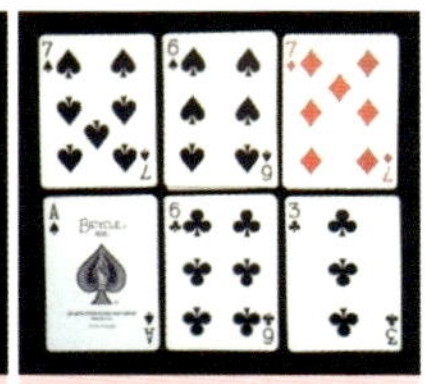

합이 10이되는 것이 없으므로 한 장을 놓는다.

7과 3에 한 장씩 놓는다.

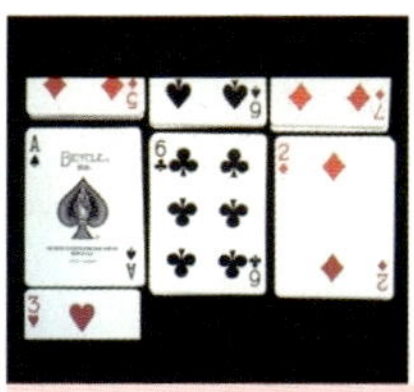

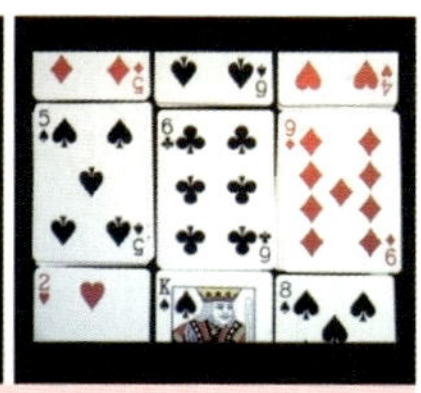

위과정을 계속한다.

합이 10이되는 파일들을 따로 묶는다.

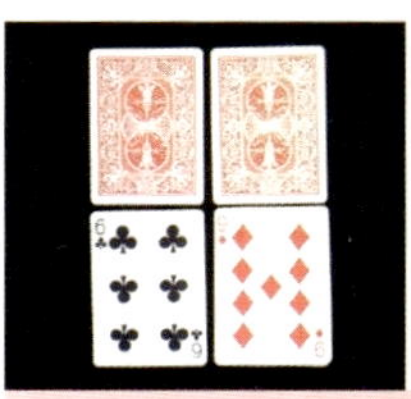

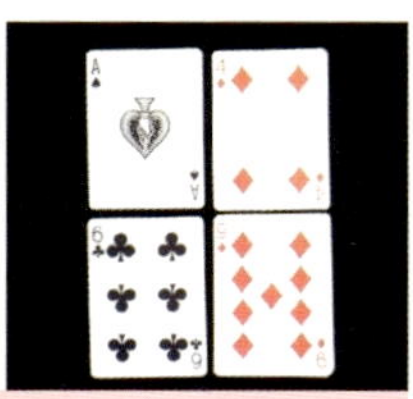

처음 두장의 카드는 6과 9와 합이 10이되는 4와 1이 된다.

문제) 위에서 뒷면인 2장의 카드 숫자는 어떻게 될까?

원리 다음의 대응관계표로 설명되어 진다.

x	1	2	3	4	5	6	7	8	9	10
f	↓	↓	↓	↓	↓	↓	↓	↓	↓	↓
y	9	8	7	6	5	4	3	2	1	10

수학보드 게임-1

할리갈리게임 :56장의 카드로 진행되는 게임으로 단순한 도안의 카드를 인원수대로 나누어 갖는다. 종을 가운데 놓고 둘러앉은 후 한명씩 카드를 공개하며 바닥에 놓는다. 이때 카드에 보이는 과일 중 같은 과일이 5개 보이면 종을 친후 바닥에 있는 카드를 모두 가져간다. 카드가 모두 없어진 사람이 지게 된다.

위 마법을 할리갈리 게임과 연관시켜 한 벌의 카드를 두 파일로 나누어 갖고 누가 더빨리 합이 10이 되는 카드을 찾아 자기의 파일을 없애고 찾은 합이 10인 파일을 차지하여 누가 많은 카드장수를 갖는지 알아보는 방법으로 진행할수도 있다. 이때, 큰수를 먼저 점하는 사람이 작은수에 대한 권리를 가진다. 또는 서로다른 한 벌의 카드를 가지고 누가 먼저 숨겨진 두장의 카드숫자를 먼저 찾는지 겨루는 게임이 가능하다.

007

합이 9 마법

① 마법사가 23843를 예견한다면 먼저 3845를 먼저 쓰고 관중이 임의대로 4자리 수를 적게한다.

② 마법사는 그밑에 자릿수의 합이 9가 되도록 마법사가 적는다. 다시 관중이 임의대로 4자리 수를 적고 마법사는 그 밑에 자릿수의 합이 9가 되도록 2쌍의 수를 적고 합하면 마법사가 예견한 23843이 된다.

예) 3845 마　　5448 마
1528 관　　2508 관
8471 마　　7491 마
2911 관　　2911 관
+7088 마　　7088 마
=23843　　4578 관
+9421 마
=35445

원리 Xabc..Y 라는 수를 예견한다면 마법사는 abc..(Y+X)를 적고 위의 예처럼 X쌍만큼 관중이 적는 수에 마법사는 자릿수의 합이 9가 되도록 만든 것을 합하면 Xabc..Y가 된다.

008

합이 9 마법 응용 1

① 관중이 먼저 두 개의 4자리수를 적는다.

② 마법사는 두 개의 4자리 수를 적는다.

③ 마지막으로 관중이 4자리수를 적는다.

④ 마법사는 5개 숫자의 합을 금방 알수 있다.

원리 마법사는 3번째 4자리수는 첫 번째 네자리수, 4번째 네 자리수는 두 번째 네자리수와 짝을 맞춘다면 관중의 다섯 번째 수를 이용하여 답을 구할수 있다.

009

합이 9 마법 응용 2

① 비슷하게 응용될 수 있는 마법으로 마법사는 관중에게 임의대로 같은자리수인 수를 몇게 적게한다.

② 마법사는 이것이 얼마나 시간이 오래 걸리는 일이지 관중이 알게 한다면서 같은 갯수 만큼 수를 열에 쓰고 관중이 계산하게 한다.

관중이 적은수	마법사가 적고 관중에게 합을 요구한수 9에서 관중이 적은수의 각 자리수를 뺀 값을 적는다
21398	78601
+ 41762	+ 58237
+ 58329	+ 41670
	+ 2 관중이 적은 수의 개수 −1만큼 더한다
121489	178510
마지막 자리 1=2−1	

③ 마법사는 관중이 힘들게 구한 것과는 달리 너무 쉽게 값을 구한다.

원리 관중이 적고 마법사가 계산해야할 값의 마지막 자리수는 (관중이 적은수의 개수 -1) -(마법사가 적고 관중이 계산한 값의 마지막 자리수) 가 되고 나머지 자리수는 9에서 관중이 계산한 결과의 자리수를 빼면 된다.

A(관중이 적은수 n개)+B(마법사가 적은수 n개)+(n-1)=999..+999..+999..+999..+(n-1)

=(n-1),....,999

A=(n-1),....,999-B

관중이 적은수	마법사가 적는수
2346	7653
+ 3174	+ 6825
+ 4873	+ 5126
+ 2596	+ 7403
	+ 3
= 172989	= 27010
마지막 자리 1=3−2	

010 합이 9 마법 응용 3

① 마법사는 마음대로 수를 적고 관중에게 같은자리 수를 적으라고 해서 곱하게 한다.

② 이때 마법사는 열에 마법사가 적은 수와 같은 수를 적고 9에서 관중이 적은 수의 각 자리수를 뺀 수를 곱하개 한다.

③ 마법사는 이 두 개의 계산결과의 합을 예견하여 말할수 있다.

593 마법사		593	마법사
× 482 관중	+	× 517	마법사
		= 592407	

원리 $abc \times 999 = abc(1000-1) = ab(c-1)(9-a)(9-b)(10-c)$

872	마법사		872	마법사
×342	관중	+	×657	마법사
			= 871127	

011

합이 18 마법

앞 a	b	c	d	옆 1				뒤				옆 2			
6	7	8	4	4	7	6	8	5	9	9	7	6	7	9	6
7	2	1	9	9	6	5	2	5	0	1	2	4	5	2	6
5	0	1	2	4	5	2	6	7	2	1	9	9	6	5	2
5	9	9	5	5	5	7	8	8	9	9	9	8	6	7	6

① 위의 표와 같이 4개의 길다란 직육면체 막대(a,b,c,d)의 4면에 숫자를 적고 임의대로 던저 나온 4개의 수의 합을 마법사는 금방 알수 있다.

② 뿐만 아니아 보이지 않는 뒷면에서도 합을 알수 있다.

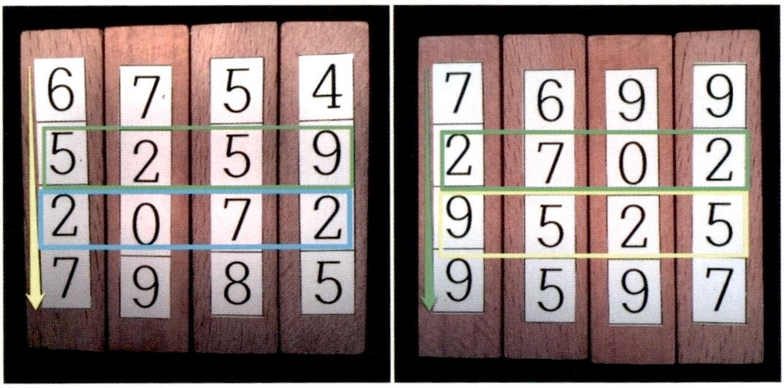

앞면		뒷면	
6754	4576	7699	9967
5259	9525	2702	2072
2072	2702	9525	5295
7985	5897	9597	7959
=22070	=22700	=29523	=25293

1,2,4번째행 수의 각 자리수의 합이 18이 되도록 한것뿐이므로 합이 9 마법트릭과 같은 원리이다. 또한 나온눈 면의 뒷면 2번째 자리에 앞면의 3번째에 임의대로 기록된 예견된 수를 적으므로 해서 뒷면을 보고도 앞면의 합을 알수 있다.

012

응답하라 1089

① 임의의 세자리에서 그 세자리수를 거꾸로 해서 뺀다.

② ①의 결과에서 거꾸로 된 수를 다시 더한다.

③ 항상 그 결과가 1089가 된다.

876
−678
198
+891
=1089

원리

100	10	1
A	B	C
(A–1)	(B+9)	(C+10)
C	B	A
A–1–C	B+9–B	C+10–A
C+10–A	B+9–B	A–1–C
9	18	9
1089		

이때 6801을 써서 틀린 것처럼 꾸며도 재미있다.

453
−354
109
+901
=1089

013

응답하라 10989

① 임의의 네자리에서 그 네자리수를 거꾸로 해서 뺀다.

② ①의 결과에서 거꾸로 된 수를 다시 더한다.

③ 항상 그 결과가 10989가 된다. 마술사는 미리 10989를 예견할수 있다.

1000	100	10	1
A	B	C	D
(A−1)	(B+9)	(C+9)	D+10
D	C	B	A
A−1−D	B+9−C	C+9−B	D+10−A
D+10−A	C+9−B	B+9−C	A−1−D
9	18	18	9
10989			

014

복권번호

① N명의 지원자에게 행운의 번호 네 자릿수 행운의 번호를 적게 한다.

② 복권 도우미는 H, S, D옷이 있는 주머니에서 임의의 카드를 순서대로 하나씩 꺼내 카드에 있는 숫자를 적어 세 자리수를 구한다. 이때 꺼낸 카드는 다시 넣지 않는다.

③ ②의 과정을 두 번 더하여 세 자리수 세 개를 구한다.

④ ③의 세 자리수 세 개를 더한 값을 복권번호라 할 때 마법사는 복권에 당첨된다.

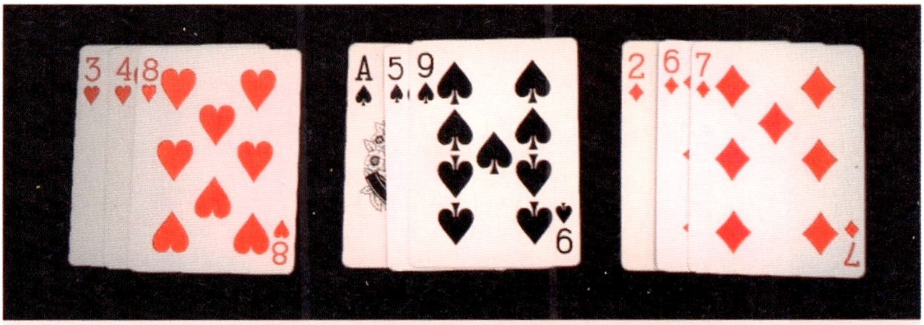

3가지 옷의 주머니에는 각각 위 그림의 숫자 카드가 있다고 하면 주머니 안에 있는 숫자들의 합은 모두 같은 15이다. 따라서 세 개의 수를 더하면 언제나

100의자리	10의자리	1의자리
15	15	15

아래와 같이 되어 1665가 된다.

원리 3개의 주머니에 다음의 카드가 있다면 복권번호는?

A 주머니	B 주머니	C 주머니
2,7,5	3,4,7	1,4,9

100의자리	10의자리	1의자리
14	14	14

같이 되어 1554가 된다.

015

복권번호 응용

① 마법사는 관중3명(A, B, C)명에게 임의대로 3자리 숫자를 말하게 한다.

	백	십	일	
A	3	4	8	A는 348
B	1	5	9	B는 159
C	2	6	7	C는 267
자리수합	6	15	24	을 말했다

마법사는 3명의 관중의 수를 위표와 같이 정리하여 각 자리수의 합을 기억하여 합 774를 기억한다.

B	A	C
3	4	8
1	5	9
2	6	7

② 각 자릿수대로 점선을 따라 세장의 숫자가 적힌 종이를 자른후 3명(A, B, C)이 임의대로 한 장씩 가저간후(B가 100의 자리, A가 10의자리, C가 1의자리) 한 장씩 다시 찢게하여 섞도록 한다. 마법사는 B,A,C가 100, 10, 1의자리수를 가저간 것을 확인한다.

③ B,A,C 순서대로 본인의 종이에 적힌 숫자중 하나씩 임의대로 골라 말하게 한후 마법사는 그 숫자를 차례대로 적는다.

	B	A	C
첫째	1	6	9
둘째	3	4	7
세째	2	5	8

④ B,A,C 순서대로1,6,9 169, 3,4,7 347, 2,5,8 258을 말했다면 위 세 수를 더하라고 한다.

⑤ 마법사는 위 결과를 예견할 수 있다.

원리 마법사는 ①에서 기억한 수를 말하면 된다.

016

기초산술 마법 1

① 마법사는 한 벌의 파일에서 첫 장을 기억한다.

② 관중에게 임의의 숫자(X)을 말하게 한다.

③ 관중은 Top부터 X만큼 차례대로 바닥에 내려 놓는다. 내려놓은 파일을 다시 본 파일에 올려놓는다.

④ 관중에게 다시 임의의 숫자(Y)를 말하게 한다.

⑤ 관중이 말한 Y >X이면 다시 Y만큼 차례대로 바닥에 내려 놓았다가 다시 본 파일에 올려놓는다.

⑥ 마법사는 Y-X 장만큼 다시 바닥에 내려 놓는다.

⑦ 이제 파일의 Top장은 ①에서 마법사가 확인한 카드가 된다. ⑧ 관중이 말한 Y< X이면 Y장만큼 세어서 파일의 맨 밑으로 넣고 X-Y만큼 다시 카드를 내려놓는다. 남은파일의 첫 장이 마법사가 기억한 카드가 된다.

①Top카드♠1

②~③관중이 말한 X를 Top부터 차례로 테이블에 내려놓고 다시 본파일에 올려 놓는다.
④~⑤관중이 말한 Y>X이면 다시 Y 만큼 차례대로 바닥에 내려 놓았다가 다시 본 파일에 올려놓는다. Y−X 만큼 다시 내려 놓으면 첫장은 마법사가 확인한 카드가 된다.

⑧ 관중이 말한 Y<X이면 Y 장만큼 세어서 파일의 맨 밑으로 넣고 X−Y−1 만큼 다시 카드를 내려놓는다. 남은파일의 첫 장이 마법사가 기억한 카드가 된다.

원리 Top장을 A라 하자. 차례대로 바닥에 놓게 되면 순서가 바뀌게 되어 다시 파일위에 올려 졌을 때 A의 위치는 X가 된다. Y>X 일대 Y만큼 바닥에 있다가 다시 파일위에 올려 지 면 A가 Y-X번째 위치에 있게 된다. Y<X 이Y장이 제거된후 면 X-Y장 위치에 A가 있게 된다.

017

아인슈타인도 속는 마법

① 관중은 마법사 보다 적은 카드장수를 가져간다.

② 마법사가 타겟의 숫자를 정하는 방법으로 가령 지금 마법사가 32장(X)의 카드가 있다면 타겟의 숫자는 32장과 차이가 적은 28을 타겟의 숫자로 정했다고 하자. 타겟의 숫자 28과 마법사의카드 32(X)와의 차이는 4(Z)이다.

③ 마법사는 관중에게 "*나는 당신만큼 많은 카드를 가지고 있소. 그뿐만 아니라 4장을 더 가지고 있고 당신의 카드에 몇장을 더하여 28장을 만들 것이오*" 라고 말한다.

④ 이러한 예언과 함께 관중은 관중의 카드를 셈한다. 가령 관중이 20장의 카드를 세었다면 마법사는 본인의 카드에서 같은 20장의 카드를 세어 한쪽으로 놓는다.

⑤ 남은 파일에서 4장을 꺼내어 한쪽에 놓는다.

⑥ 이제 마법사의 파일에는 32-20-4=8장의 카드만 남았고 관중 카드에 8장의 카드를 더해가며, 이십일, 이십이... 이십팔임을 확인 한다.

마법사는 처음에 관중이 얼마큼의 카드를 가져갔는지 모르는 상태에서 위의 밑줄 친 3가지의 공언을 관중에게 확인시킬 수 있다.

① 마법사는 관중보다 조금 더 많은 카드를 갖도록 한다.

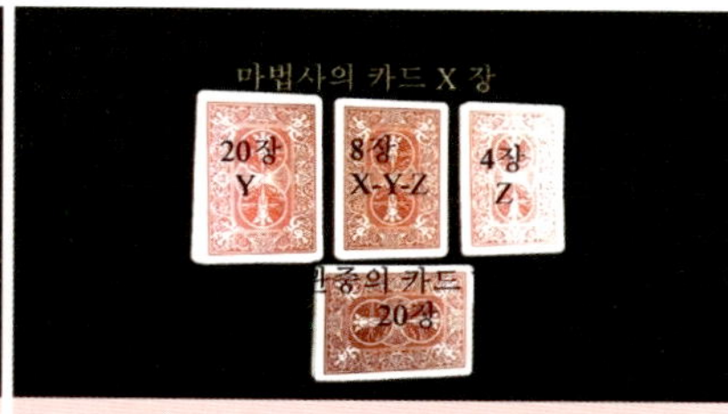

⑧ 가운데 8장의 카드를 관중의 카드에 더하면 28장이 된다.

a. 마법사의 파일 $= X$, 관중의 파일 $= Y$, 와 목표수와의 차이를 Z라 하자.

b. $X > Y$, $X - Y - Z$의 파일이 마법사의 카드파일에 남게 된다.

c. 이제 $X - Y - Z + Y$이 되어 $X - Z$인 목표수 에 도달하게 된다.

구거법(Digital Root) 트릭

임의의 자연수 a 에 대하여 각 자리수의 합을 9로 나눈 나머지는 a를 9로 나눈 나머지가 되며 이를 자연수의 Digital Root(DR)라 한다. 자연수의 DR을 구하는 간단한 방법은 왼쪽부터 차례로 수를 더해가면서 9이상이 될 때에는 9를 빼면된다. 먼저 연습을 하고 이를 응용한 마법은 차차 익히도록 하자.

$ab = a \times 10 + b \times 1$ $f(x) = a \times x + b \times 1$ $\quad = (x-1)q + R$ $f(1) = R = a + b$ $f(10) = ab = 9q + a + b$ $ab - (a + b) = 9q$	나머지 정리를 이용하여 임의의 수를 9로 나눈 나머지는 각 자리수의 합을 9로 나눈 나머지와 같다는 것을 증명할수 있다.

018

구거법 트릭 1(파스칼의 삼각형1)

① 관중은 맨 아랫줄에 임의의 다섯 장의 카드를 앞면으로 놓는다.

② 다섯 장의 카드 사이에 4개의 카드를 삼각형 모양으로 올려놓는데 아래 두 장의 digital root의 합을 구한다.

③ 마법사는 Top 정상에 놓일 카드 한 장의 DR값을 예견할 수 있다.

7+3=10	3+6=9	6+5=11	5+3=8

6
3 3
1 2 1
1 0 2 8
7 3 6 5 3

원리 맨 아래줄의 DR값이 맨위에 놓일 DR값과 같다.

019

구거법 트릭 2(사칙연산)

어떤수가 9의 배수라면 각 자리수의 합이 9의 배수이고, 임의의 수에서 숫자를 바꾸어 큰수에서 작은수를 빼거나 각자리수의 합을 빼면 계산결과의 Digital Root 값이 0이므로 9의 배수가 된다. 큰 두수의 사칙연산 결과의 digital root는 각 수의 digital root의 연산결과와 같아지게 되어 계산기가 없던 예전에는 사칙연산의 검산방법으로 사용되었다, 예로 345×231=79695인데 이것의 계산이 정확한가는 345의 DR= 3, 231의 DR=6 곱 18의 DR=9이므로 9의 배수가 될것인데 79695의 DR또한 9의 배수이므로 어느정도 계산결과를 신뢰할수 있어 안심할수 있다. $abc=100a+10b+c=(99+1)a+(9+1)+c=99a+9b+a+b+c$이므로 사칙계산결과를 9로 나눈 나머지는 각 자리수들의 합에 대한 사칙연산을 9로 나눈 나머지와 같다.

① 마법사는 관중에게 1~10까지 숫자를 마구 곱한 결과에서 한 숫자를 숨기고 결과를 말하라고 한다.
② 숨긴 숫자를 제외하고 마법사는 각 자리수의 합을 구한다. 합이 9의 배수라면 숨긴숫자는 0또는 9이고, 합에 숨긴 숫자를 더하여 9의 배수가 되는 숫자가 숨긴 숫자가 될 확률이 높다.

원리 1~10까지의 수에는 3을 약수로 가지는 수가 많으므로 2개 이상만 3을 약수로 가지는 수를 선택했다면 바로 그 숫자는 9의 배수가 될 확률이 높다.

① 관중은 임의의 수를 만든 후, 숫자를 마구섞어 다른 수를 만들어 큰수에서 작은수를 뺀다.

② ①의 결과에서 숫자 하나를 가리고 마법사에게 나머지 숫자를 알려주면 마법사는 관중이 가린 숫자를 알수 있다.

원리 모두 구거법 원리에 의거하여 DR이 0 즉 9의 배수가 되어야 함으로 숨겨진 숫자를 알수 있다.

① 관중은 임의의 숫자에 9를 곱한 값에 나이를 더한 값을 마법사에게 알려준다.

② 마법사는 ①의 DR 를 구한다.

③ ②의 결과로 마법사는 관중의 나이를 알수 있다.

원리 ②의 값은 관중나이의 DR이 되는데 이값에 9씩을 더해가면서 관중의 나이를 짐작 하여 나이를 알수 있다 예로 41이라면, DR=5이고 9씩을 더해가면, 14, 23, 32, 41, 50,.. 일텐데 10의 자리는 대충 얼굴을 봄으로써 나이를 짐작할 수 있다(요즘에는 힘들때도 많다 엄청난 동안이 많아서) 임의의 숫자에 9를 곱하는 대신에 DR=0을 만드는 다양한 방법으로 변화를 줄수 있다.

020

구거법 트릭 3

① 20장의 카드파일에서 관중은 10장 이하의 카드를 가져간다.

② 관중은 남은 카드장수의 각 자리수의 합 만큼 다시 가져간다. 예로 관중이 5장을 가졌다면 15장 남을 것이고 십의자리 1 일의자리 5의 합 6장를 가져간다.

③ 이제 관중는 남은 카드파일에서 자신이 가저간 카드장 만큼 가져간다.

④ 마법사는 관중이 처음에 가져간 카드장수를 알 수 있다.

원리 ②에서 남은 카드장수는 9장이 남는다.

처음 놓인 20개의 카드더미

관중이 5개의 카드를 가저간다.

관중는 1+5=6장의 카드를 가저가면 9장의 카드가 남는다.

9장의 남은 카드에서 관중이 다시 5장의 카드를 가저가면 4장이 남을 것이고 마법사는 관중이 가저간 카드 9-4=5를 알수 있다.

021

구거법 트릭 4

① 관중은 임의의 카드한장(첫째줄)을 한 벌의 카드에서 꺼낸다

② 그 숫자에 3을 곱한 수를 다음행(2번째줄)에 놓는다.

③ 놓인 카드의 수에 다시 3을 곱한 결과를 다음행(3번째줄)에 놓는다.

④ 다시 3을 곱한 결과를 놓는다.(4번째줄)

⑤ 관중은 3번째, 4번째 줄에서 숫자 하나를 가리고 나머지 숫자를 마법사에게 알려주면 마법사는 가려진 숫자 하나를 알수 있다.

①에서 관중은 ◇4를 선택했다고 하자.
② 3×4=12에서 숫자 1,2카드를 두 번째 줄에 놓는다.
③ 1×3=3, 2×3=6에서 3,6 카드를 다음줄에 놓는다.
④ 3×3=9, 3×6=18에서 9,1,8 카드를 다음줄에 놓는다.

원리 3번째 줄부터는 3이 두 번 9가 곱해지므로 9의 배수가 되어 각 자리수의 합이 9의 배수가 되어야 한다.

$A=ab=3q+R$

$3A=3(10a+b)=9q+3R$

$3R=27a+3a+3b-q$

$3R=9Q+3(a+b)$

$R=3Q+a+b \quad \therefore R=a+b$

위 식에서 임의의 수를 3으로 나누었을때의 나머지는 각자리수의 합을 3으로 나누었을때의 나머지와 같다.

022

구거법 응용 트릭 5

① 마법사는 뒷면으로 된 27장카드의 Top과 9,10,18,의 자리에 Ace를 놓는다.

② 관중은 임의의 카드를 가져간 후 바닥에 뒷면으로 한 장씩 차례대로 놓으면서(순서는 바꾼다) 카드의 숫자를 센다.

③ 마법사는 바닥에 놓은 카드장수 각 자리수의 합만큼 놓여진 파일의 Top부터 본래 파일 위에 한 장씩 올려 놓는다. 남은 파일을 본래 파일위에 놓는다.

④ 이제 본래 파일의 Top에 있는 카드는 모두 Ace가 된다. 위 과정을 여러번 반복하여도 파일의 top은 항상 Ace만 나오게 된다.

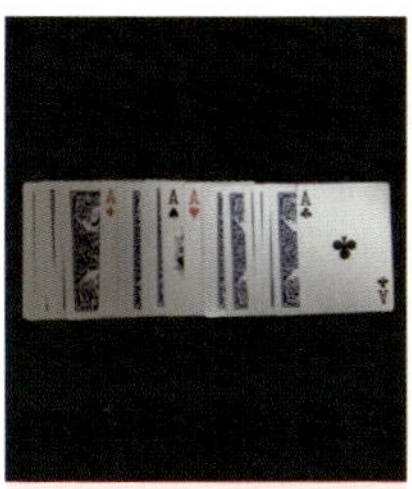

파일의 top, 9,10,18 자리에 Ace를 놓는다.

14장의 카드를 바닥에 놓았을 때

1+4=5장의 카드를 본파일에 올려놓고

나머지 바닥의 파일을 본파일에 올려 첫장을 확인하면 항상 Ace가 된다.

원리 $ab-(a+b)=10a+b-a-b=9a$

$N=ab$인 N장을 내려 놓았다가 $a+b$만큼 카드 장을 옮기게 내면 내려놓은 파일의 Top장은 항상 9의 배수가 된다.

다시 22장을 내려놓았다면 4장을 본파일에 이동시키면 바닥파일의 top은 항상Ace가 된다. 10~27장 임의의 관중이 가져가는 카드에 대하여 몇 번을 반복하여도 파일의 top은 항상 ace가 된다.

023

비율마법 1

두 주전자 A, B가 있다고 하자, A에는 1리터의 물이 있고 B에는 1리터의 와인이 있다. A주전자에서 100g의 물을 B주전자에 넣고, B에 있는 100g을 다시 A주전자에 넣는다고 하자. 자 그럼 A주전자에 있는 물과 와인, B주전자에 있는 와인과 물의 비율을 비교할 수 있겠는가? 많은 사람들을 괴롭히는 농도 문제 같아 보이지만 다음의 마법들로 아주 쉽게 해결됨을 알수 있다.

카드 한벌 안에는 빨간색 26장과 검은색 26장의 카드가 있고 이들의 비율을 이용한 마법이다.

① 마법사는 한 벌의 카드에서 26장의 앞면 파일을 만든다. 나머지 카드는 뒷면인체로 파일을 만든다.

② 앞면인 파일에서 빨간색 카드(B)가 나올때마다 뒷면인 카드파일에서 한 장씩(b) 빨간색카드 옆에 놓아 두 개의 파일을 만들고, 검은색카드에 대해서도 같은 두 개의 파일(A,a)을 만들어 모두 4개의 파일을 만든다.

③ A, B파일 중 $|A-B|$ 만큼 작은 a 또는 b파일에 놓는다. 4개파일의 카드갯수가 같아진다.

④ 마법사는 뒷면인 a파일로부터 b파일의 빨간색, 검은색 카드장수를 알 수 있다.

① 마법사는 같은장수로 앞면, 뒷면파일을 만든다.

앞면인 카드파일에서 빨간색이면 빨간색파일 옆에, 검은색이면 검은색파일 옆에 뒷면 인 카드를 한 장씩 놓아 뒷면 인 카드파일을 만든다.

$B-A=3$이라면앞면인 빨간색파일에서 3장을 a파일에 놓는다.

뒤집힌 카드파일의 개수는 서로같고, a파일의 빨간색 개수와, b파일의 검은색 개수가 같고, a파일의 검은색 카드개수와, b파일의 빨간색 카드장수가 서로같다.

024

비율마법 2

앞선 수학문제에서 물을 26장의 검정색카드, 와인을 26장의 빨간색카드 파일이라 하자.

① 52장의 카드 한 벌에서 26장은 앞면으로 하고, 26장은 뒷면으로 하여 놓는다.

② 두 파일을 합하여 임의대로 섞는다. 단 앞면과 뒷면은 보존한다.

③ 이제 마법사는 Top부터 26장의 카드를 세어 본인이 갖고 나머지 26장의 카드를 관중에게 준다.

④ 마법사는 관중이 가진 카드의 앞면과 뒷면의 개수를 알 수 있다.

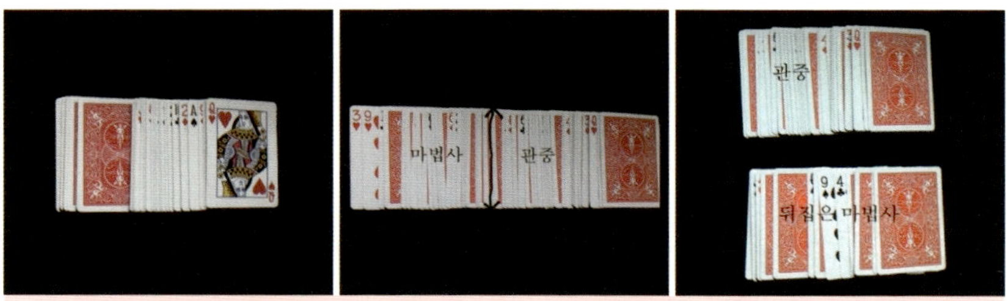

52장 한 벌의 카드에는 26장의 빨간색 카드와 26장의 검정색 카드가 있다. 26장의 카드가 와인이라고 생각하고, 26장의 카드가 물이라고 생각하자. 임의대로 카드가 섞인후 반씩 나눠 가진후 한쪽 파일의 앞면카드가 a이고 뒷면카드가 b, a+b=26였다면, 다른쪽 파일의 앞면은 b, 뒷면은 a가 되어 $\frac{뒤}{앞}=\frac{앞}{뒤}=\frac{b}{a}$로 서로 같아지게 된다.

025

비율마법 3

① 마법사는 한 벌의 카드를 뒷면으로 4개의 파일이 같은 개수(13)가 되도록 한다.

② 그 중 두 개는 본인이 갖고 나머지는 관중이 갖는다.

③ 마법사는 관중에게 1~13까지 임의의 수만큼 카드를 양쪽에서 뒤집으라고 한다.

④ 마법사는 13~39까지의 목표수를 정하고 그 목표수에서 13을 뺀다.

⑤ ④의 결과만큼을 재외하고 마법사의 파일에서 뒤집는다. 목표수가 22라면 22에서 13을 뺀 9를 한쪽에서는 4개를 다른 한 파일에서 5개를 제외하고 뒤집는다.

⑥ 이제 마법사의 파일두개와 관중의 파일 1개를 합하고 마법사는 관중에게 관중의 파일 1개를 둘로 나누라고 하면서 합쳐진 3개의 파일을 뒤집어 1개의 나누어진 파일사이에 넣는다.

⑦ 목표수(22)만큼의 앞면이 뒤집혀 있다.

위 관중의 파일에서 같은장수(3장)을 앞면으로 한다.

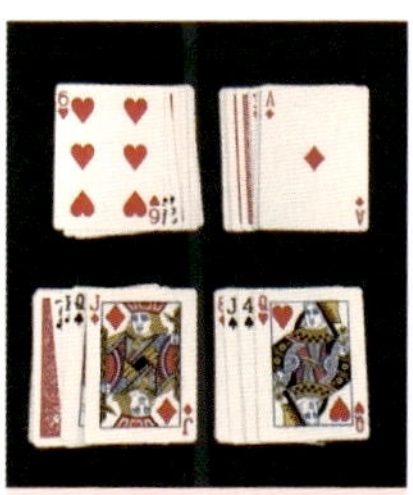

목표수(22)−13=9이므로 마법사의 한쪽에서 4장 다른쪽에서 5장을 앞면으로 한다.

마법사의 두 개, 관중의 한 개 파일을 합쳐 뒤집어 관중의 파일사이에 놓는다.

전체파일을 뒤집으면 앞면이 목표수(22)가 된다.

같은 원리로 동전을 이용한 집합을 고려해 볼수 있다.

026

비율마법 4

① 마법사는 시계모양으로 12개의 동전을 앞면으로 놓고 뒤로돌아선다.

② 관중은 임의대로 여섯 개의 동전을 뒤집는다.

③ 마법사는 관중에게 6개의 마법사가 지정하는 위치의 {2,3,6,7,11,12} 동전을 뒤집으라고 하고 관중의 동전이라고 한다.

④ 마법사는 관중에게 앞면의 개수를 묻는다.

⑤ 마법사는 관중에게 동전을 두 집합으로 나누라고 한다.

⑥ 마법사는 자신의 동전 {1,4,5,8,9,10}앞,뒷면의 개수를 가지고 관중 동전의 앞,뒷면 개수를 알수 있다.

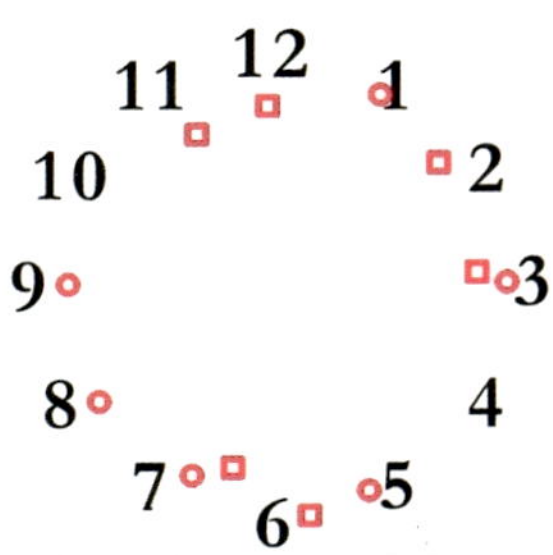

② 관중이 1,3,5,7,8,9(○) 뒤집었다고 하면
③ 마법사가 2,3,6,7,11,12(□) 뒤집으라고 한다.
④ 에서는 함정을 주기 위한 물음이다.
⑤ 마법사는 ③과 서로소인 집합의 동전(1,4,5,8,9,10)을 갖는다.

원리 X=a+b, Y=c+d, X는 12개의 동전중 앞면의 개수, Y는 12개의 동전중 뒷면의 개수, a+b=6, c+d=6
a,c는 마법사의 앞,뒤 동전, b,d는 관중의 앞,뒤 동전, X-a=c, Y-b=d, b=c 되어 관중의 앞뒤 동전개수를 알수 있다.

027

142857 순환소수 마법

① 마법사는 관중에게 142857이 적힌 숫자를 보여주고 2,3,4,5,6숫자 카드를 주며 한 장을 임의대로 고르라고 한다.

② 마법사는 관중이 보이는 숫자를 곱한 결과를 정확히 1,4,2,8,5,7의 카드로 나타낼 수 있다.

1×7=7
7끝에 가도록 7분을 컷하여 뒤로 붙인다.

2×7=14
4가 끝에 가도록 4부분을 컷하여 뒤로 붙인다.

4×7=28
8끝에 가도록 8분을 컷하여 뒤로 붙인다.

4×7=28
8끝에 가도록 8분을 컷하여 뒤로 붙인다.

순환수에 대하여 알아보면?

순환소수 $\frac{1}{7}=0.142857142857 14...$의 매력

여러분은 142857에 1~6까지 곱한수에서 어떤 마법을 볼수 있었다.

1	4	2	8	5	7	×1
2	8	5	7	1	4	×2
4	2	8	5	7	1	×3
5	7	1	4	2	8	×4
7	1	4	2	8	5	×5
8	5	7	1	4	2	×6

위 결과를 표로 나타내면 마방진을 이루는 착각(대각선이 안됨)도 일으킨다. 100이하 소수 7,17,19,23,29,47,59,61,97에 대하여 $\frac{1}{P}$이 위와 같은 순환수가 되며 그 중 $\frac{1}{19}=0.052631578947368421$로 1~18까지의 곱을 위와 같이 쉽게 계산할 수 있다.

0	5	2	6	3	1	5	7	8	9	4	7	3	6	8	4	2	1	$\frac{1}{19}$
1	0	5	2	6	3	1	5	7	8	9	4	7	3	6	8	4	2	$\frac{2}{19}$
1	5	7	8	9	4	7	3	6	8	4	2	1	0	5	2	6	3	$\frac{3}{19}$
2	1	0	5	2	6	3	1	5	7	8	9	4	7	3	6	8	4	$\frac{4}{19}$
2	6	3	1	5	7	8	9	4	7	3	6	8	4	2	1	0	5	$\frac{5}{19}$
3	1	5	7	8	9	4	7	3	6	8	4	2	1	0	5	2	6	$\frac{6}{19}$
3	6	8	4	2	1	0	5	2	6	3	1	5	7	8	9	4	7	$\frac{7}{19}$
4	2	1	0	5	2	6	3	1	5	7	8	9	4	7	3	6	8	$\frac{8}{19}$
4	7	3	6	8	4	2	1	0	5	2	6	3	1	5	7	8	9	$\frac{9}{19}$
5	2	6	3	1	5	7	8	9	4	7	3	6	8	4	2	1	0	$\frac{10}{19}$
5	7	8	9	4	7	3	6	8	4	2	1	0	5	2	6	3	1	$\frac{11}{19}$
6	3	1	5	7	8	9	4	7	3	6	8	4	2	1	0	5	2	$\frac{12}{19}$
6	8	4	2	1	0	5	2	6	3	1	5	7	8	9	4	7	3	$\frac{13}{19}$
7	3	6	8	4	2	1	0	5	2	6	3	1	5	7	8	9	4	$\frac{14}{19}$
7	8	9	4	7	3	6	8	4	2	1	0	5	2	6	3	1	5	$\frac{15}{19}$
8	4	2	1	0	5	2	6	3	1	5	7	8	9	4	7	3	6	$\frac{16}{19}$
8	9	4	7	3	6	8	4	2	1	0	5	2	6	3	1	5	7	$\frac{17}{19}$
9	4	7	3	6	8	4	2	1	0	5	2	6	3	1	5	7	8	$\frac{18}{19}$

위의 표로 트릭을 만들어 보자

028

소수마법 1

다음은 마법에 쓰일수 있는 수를 소인수 분해한 것이다.

아래의 상황에 맞는 마법과 소인수분해된 수를 연관지어 볼수 있다.

a. 1001 = 7×13×11

b. 10001 = 137×73

c. 10101 = 3×7×13×37

d. 111111 = 3×7×11×13×37

1. 관중은 77에 임의의 세자리 수를 곱해 보게 한후 마법사가 13을 곱하면 관중이 정한 세자리수가 두 번연속해서 나오게 된다.
2. 관중의 나이에 111111곱하라고 한다. 마법사는 이 결과를 11로 나누어 관중의 나이가 3번 나타나게 한다.
3. 관중에게 3003에다 지금가지 사귄 이성친구의 수를 곱하라고 한 후 마법사는 37를 곱한다. 그럼 여자친구의 수가 6번 나타난다.

029

소수마법 2

소수는 정수를 이루는 벽돌과 같은 것으로 정수의 본질을 이해하는데 필수적이다.

① 마법사는 관중에게 한 벌의 카드에서 n장을 가져가게 한다.

② 관중은 n과 서로소인 정수를 고른다. 3이라고 하자.

③ 뒷면인 n장의 카드더미에서 Top부터 순서대로 3장을 카드더미 밑으로 놓고 보이는 Top을 앞면으로 한다. 다시 Top부터 3장을 카드더미 밑으로 놓고 보이는 Top을 앞면으로 한다. 이과정을 마지막 뒷면인 카드가 나올 때까지 하는데, 마법사는 뒷면인 마지막 카드를 예견한다.

편의상 뒷면부터 1~8까지 카드가 있다고 하면 처음뒷장은 1이된다.

1,2,3카드가 뒤로하고 4카드를 앞면으로 한다.

4까지 세어서 4,5,6 세카드를 세고 난 후 보이는 4번째 카드 7을 앞면으로 한다. 이 과정을 계속한다.

결국 남는 마지막 카드는 Top에 있던 1이 된다.

원리 정수의 성질중 n과 서로소인 수의 1배수부터 n배수를 n으로 나누었을때의 나머지는 1~n까지 모두 한번씩 갖는다는 정수의 기본성질을 이용하는 것으로 마법사는 n장 카드의 Top만 기억하면 된다.

030

소수마법 3

① 마법사는 위의 그림에서 로봇을 세어보게한다. 모두 13개가 있다.

② 점선 부분을 잘라 ①과 ②부분을 바꾸어 로봇을 세면 모두 12개가 된다. 관중에게 그 이유를 묻는다.

자료첨부 https://drive.google.com/open?id=0Bz0GKZKNxcnoWENlTy1wTnlXbDg

원리 위 트릭의 원리를 생각해 보면?

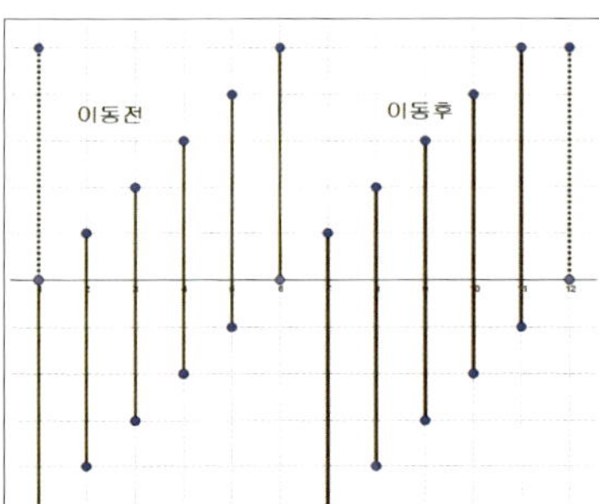

① 크기가 5인 선분5개를 자르는 선(점선)을 기준으로 잘라 좌우 바꾸게 되면(한칸씩 왼쪽으로이동하면) 5개의 선분은 크기가 6이되고 나머지 한 개는 없어진다.

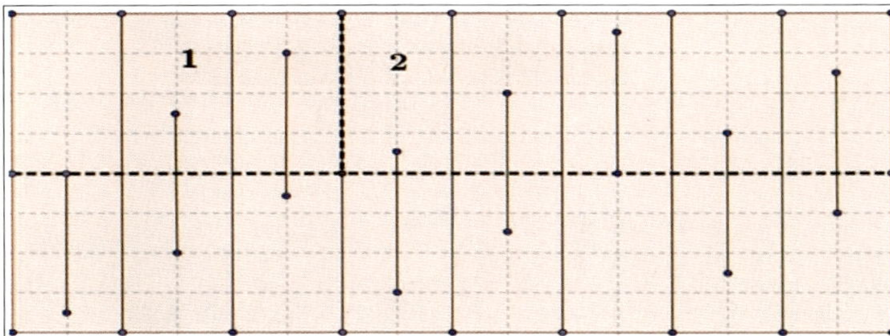

② 크기기 7인 선분일경우 8(7+1)과 서로소인 3,5,7,중 한숫자를 골라 고른 숫자만큼 이동하여 1씩 위로 이동시켜 선분을 그린다. 위 그림의 예는 3칸씩 이동시킨 것이다.

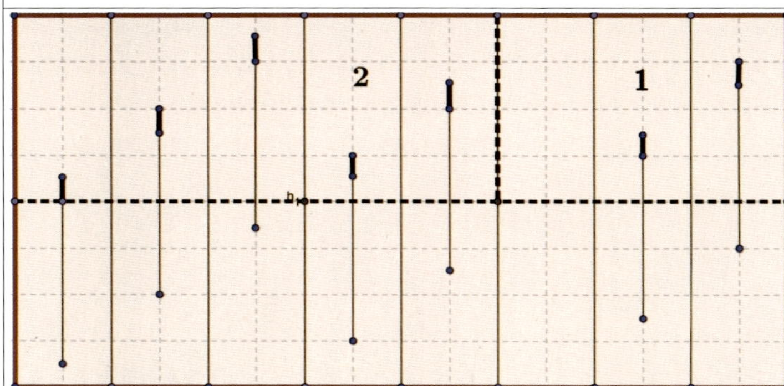

③ 점선부분을 잘라 교환하면(1,2부분을 바꾸면) 3의배수가 마지막으로 도착하는 위치(6번째칸)의 도형이 사라지고 나머지는 1만큼 늘어나는 것을알수 있다.

위의 로봇 그림에서 13과 서로소인 5만큼 이동하여 1단계식 올리게 되면, 왼쪽에서 9번째 로봇이 없어진 이유를 아래표를 통하여 알수 있다.

1	9	4	12	7	2	10	5	13	8	3	11	6

직선을 조금 늘리거나 줄여도 연속성과 관성이 작용되어 그 변화를 알아차리지 못한다는 착시현상과 N개의 칸에서 N과 서로소인 수만큼씩을 이동하게 되면 모든 N개의 칸에 중복없이 도달할 수 있다는 대수지식을 이용하여 도형이 없어지는 것과 같은 효과를 줄 수 있다.

031

교집합 1

① 마법사는 9개의 카드를 3행, 3열 정사각형 모양으로 놓는다.

② 관중은 한 개의 카드를 마음속에 정한 후 그 카드가 있는 행이나 열을 말한다.

③ 마법사는 임의대로 행이나 열대로 카드를 걷으면서 관중이 말한 행이나 열이 걷힌순서는 기억한다.

④ 마법사는 다음 질문에서 관중이 정한 카드가 어느행에 있는지 묻고 싶으면 걷힌카드를 열대로 나열하고, 어느열에 있는지 묻고 싶으면 행대로 나열한다.

⑤ 마법사는 관중이 정한 카드가 있는 열이나 행을 묻고 관중이 대답하면 관중이 정한 카드를 정확히 알 수 있다.

②관중이 정한 카드가 ♡4였다면 관중은 2행또는 3열을 말한다.

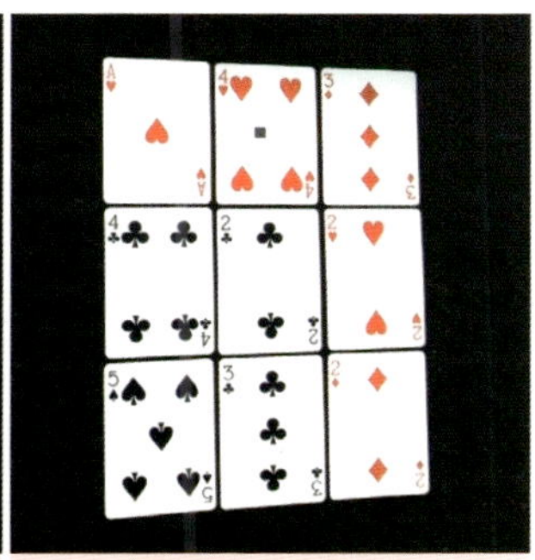

④ 마법사는 열을 묻기위해 행으로 놓았고 관중이 2열을 말하면 마법사는 관중이 정한 카드가 ♡4 임을 알게된다.

$A=(x|x=n$번째 행)
$B=(x|x=m$번째 열)
$A\cap B$

032

교집합 2

이번에는 여러명이 031마법과 마법과 같은 효과를 가지는 같는 응용마법을 알아 본다.

① 5명에게 한 장씩 순서대로 다섯 장의 카드를 나누어 준다. 관중에게는 순서가 정해진다.

② 각 관중에게 한 장의 카드를 마음속으로 정하라고 한다.

③ 마법사는 관중1파일을 Top에 그 다음 두 번째 관중2파일...... 맨 마지막에는 다섯 번째 관중의 파일을 놓는다.

④ 다 걷힌 파일을 다시 한 장씩 나누어 다섯 개의 파일을 만드는데 순서는 상관없다.

⑤ 임의의 파일을 앞면으로 하여 관중N이 자신이 정한 카드가 있는 파일을 지목하게 한다. 위에서부터 N번째 카드가 N번째 사람이 정한 카드가 된다.

원리

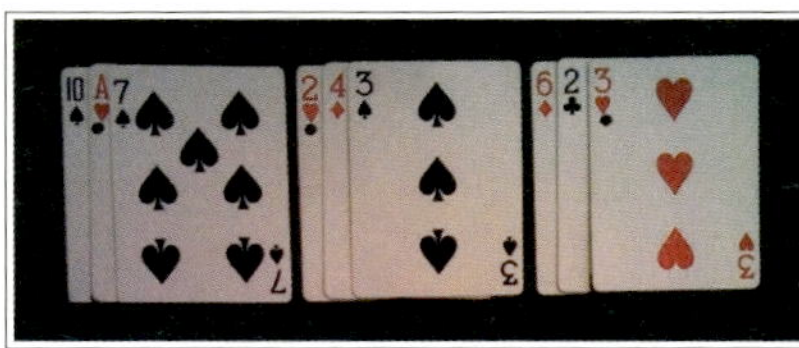	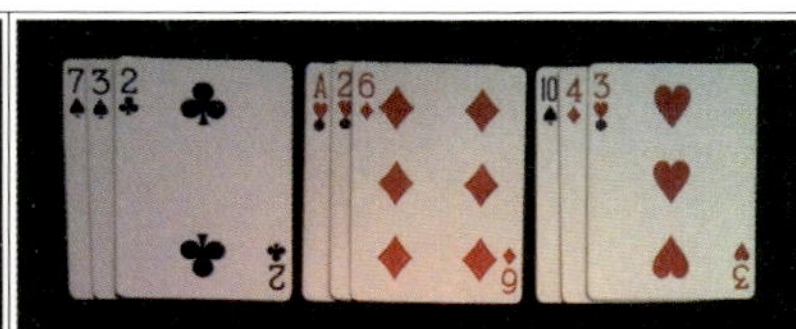
1번사람이1 2번사람이2 3번사람이 3을 골랐다고 하자.	2번사람과 3번사람은 2번파일을 선택할것이고 3번째 사람은 3번파일을 선택할 것이다. 그럼 2번파일의 1번, 2번카드 그리고 3번파일의 3번째 카드가 1,2,3번 사람이 고른 카드가 된다.

수학마법사 1- Martin Gardner

마틴가드너(1914. 10. 21~2010. 5. 22)는 미국의 과학 저술가이다. 그는 수많은 천진한 아이들을 수학교수가 되게 했으며, 무수한 수학교수들을 천진한 아이로 마들었다라고 평가받을 정도로 유희수학(recreational mathematics) 분야의 저술로 이름이 높다. 그는 미국의 대중 과학 잡지 사이언티픽 아메리칸지에 1956년부터 1981년까지 수학 게임(Mathematical Games) 칼럼을 연재하였다. 그가 연재를 그만둔 후 더글러스 호프스태터가 칼럼을 물려받았는데, 마틴 가드너에 대한 존경의 뜻에서 '수학 게임'의 애너그램인 *Metamagical Themas*를 자신의 칼럼 제목으로 정하였다. 1993년 이래 그의 유희수학에 대해 관심을 같이하는 사람들이 부정기적으로 모여 Gathering for Gardner(G4G)란 컨퍼런스를 열기도 한다.

16번 교집합 1 마법과 비교하여 유사점과 차이점을 구별하여 응용방법을 알아보면?

17번 마법과 비교하여 각 관중 마다 정해진 행에서 카드 1개씩을 고르고 그 행을 마법사가 정한 임의의 열에 놓고 각 관중이 정한 카드가 있는 행을 말하게 하면 마법사는 관중들이 정한 카드를 알 수 있다.

수학보드게임-2

류미큐브: 1부터 13까지 총 4종류(검정, 오렌지, 파랑, 빨강)의 패가 2세트 들어 있다. 즉, 같은 패는 2개씩 들어있다. 조커도 2개가 들어있다.
게임규칙으로는 일정한 규칙에 맞는 수열(Set, 색깔이 다른 같은 숫자 3개 이상, 색깔이 같은 연속된 수 3개 이상)을 만들어 자신의 칩을 모두 버리면 게임에 이기게 된다. 이 게임은 머릿속에서 다양한 사고를 해야 하기 때문에 숫자에 대한 감각이나 공간지각 능력도 필요로 하는 수학게임이다. 카드로 똑같이 게임을 즐길 수 있을 뿐만 아니라 변수가 더 많으므로 더 다양하고 흥미로운 게임에 응용될 수 있다.

033

대칭 마법

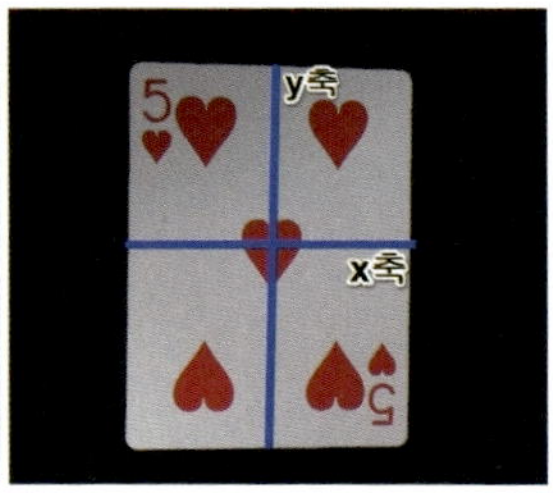

52장의 카드 한 벌은 모두 y축에 대칭이지만 x축에 대칭이 아닌 카드가 있다.

상하 대칭(x축에 대칭)이 아닌 것
♥,♡,♣,(A, 3,5,6,7,8,9),7◇ ,$3 \times 7 + 1 = 22$장

한 벌의 카드에는 위 22개의 포인트 카드(대칭이 아닌 카드)가 있다.

① 22장의 포인터 카드에서 많은 문양이 위를 향하도록 하여 파일의 Top에 놓는다. 예로 9♥이면 5개의 ♥가 위로 오게 한다.

② 관중1에게 카드를 떼어가라고 한 후 한 장을 선택하게 하여 테이블위에 놓게 한다.(위 22장에서 가져가도록 한다.)

③ 마법사는 남은 파일을 180°돌려놓는다.

④ 관중은 자신이 선택한 파일을 마법사의 카드파일에 끼워 넣는다.

⑤ 마법사는 몇 번의 컷을 한 후에도 관중이 정한 카드를 알수 있다.

상하 대칭인 카드

상하 비대칭카드 바른문양이 위로 많이 가게한다.

관중이 정한 카드(♡6)만이 바른문양이 아래쪽에 많아지게되어 관중이 고른 카드임을 알수 있다.

034

부등식 영역 마법

① 한 벌의 카드에서 조커를 맨 밑에 놓고 카드의 앞면이 보이도록 놓는다.

② 14-첫장 카드 숫자 > 두 번째 장 카드 숫자이면 두 카드는 조커 뒤에, 14-첫장 카드숫자 ≤ 두 번째 장 카드 숫자이면 버린다.

③ 세 번째 카드와 네 번째 카드도 ②와 같은 비교를 하여 조커가 보일 때까지 한다. 다시 조커를 맨 뒤에 놓는다.

④ 11-첫장 카드 숫자 > 두번째장 카드 숫자이면 버린다. 11-첫장 카드 숫자 ≤ 두번째장 카드 숫자 이면 조커 뒤에 놓는다.

⑤ 이 과정을 조커가 보일 때 까지 계속한다.

⑥ 마법사는 끝까지 조커 뒤에 남는 카드쌍들의 숫자합을 예언할 수 있다.

$14-x>y$를 만족시키는 카드쌍

$\begin{cases}14-x>y\\11-x<y\end{cases}$ 를 만족시키는 카드쌍

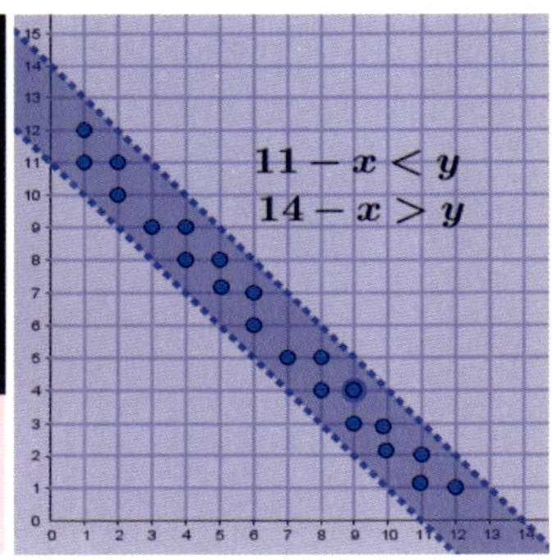

a. 첫 번째 카드는 x좌표, 두 번째 카드 좌표는 y좌표를, 다시 세 번째 카드 좌표가 x좌표, 네 번째 카드 좌표가 y좌표를 나타낸다.

b. 처음 조커뒤에 있는 카드의 순서쌍은 $14-x>y$ 부등식을 만족시킨 것이며 이것들 중 다시 조커 뒤에 있게 되는 카드의 순서쌍은 $y>11-x$ 의 부등식을 만족시킨 것이다.

c. 그 결과는 (10,2), ... (2,10), (8,5) 등 각 $x+y=12$ 또는 13이 된다.

$\begin{cases} 14-x>y \\ 11-x<y \end{cases}$ 을 만족하는 순서쌍이 된다.

035

이진 마법

수를 가장 가단한 두가지 정보만으로 표현하는 것이 이진법으로 이를 이용한 다양한 마법이 존재한다.

① 마법사는 반벌이상의 카드를 관중으로부터 받아 주머니에 놓는다. 마법사의 주머니에 미리 앞에서부터 1♣, 2♡, 4♠, 8♢가 있다.
② 관중이 카드 1장을 꺼내면 마법사는 그 카드의 모양과 숫자를 나타내는 카드를 찾아 꺼내어 보인다. 가령, 8♣이었다고 하자.
③ 1♣을 보이면서 모양을 말하고, 8♢을 꺼내어 숫자를 맞춘다.
④ 7♡였다면, 2♡를 보이고 1♣,4♠을 보이고 합하여 7을 맞춘다.

036

Fitch Cheney 카드마법 1

Fitch Cheney가 개발한 카드마법으로 임으로 선택된 5장의 카드 중 한 장의 카드를 마법사가 뒤집어 놓았을 때 마법사의 친구가 뒤집혀진 카드를 정확히 맞추는 마법으로 비둘기집의 원리, 시계산술, 순열 등의 수학적 학습요소를 가지고 있다.

① 5장의 카드를 관중이 고르게 한다.

② 마법사는 한 장의 카드를 뒤 집는다.

③ ①,②의 과정을 볼 수 없는 마법사 친구는 정확히 뒤집혀진 카드의 숫자와 모양을 알아맞힌다.

a. 비둘기 집 원리

카드의 모양이 4가지이기 때문에 5장의 카드에는 적어도 같은 모양의 카드가 2장 있기 마련이다.

b. 시계산술

카드의 숫자가 1~13이기 때문에 1~13까지 카드를 시계방향으로 원을 만들었을 때, 임의의 두 장의 카드는 시계방향 또는 시계반대방향으로, 많아야 6섯 칸의 차이가 있다.

c. 순열 조합

3장의 카드숫자가 사전식으로 나열되는 순열의 방법으로 1~6의 숫자를 나타낼 수 있다. 만약 같은 숫자가 있다면 CHSD, Club<Heart<Spade<Diamond 의 순서를 주어 크기 비교를 할 수 있다.

1	2	3	4	5	6
3H3D6C	3H6C3D	3D3H6C	3D6C3H	6C3H3D	6C3D3H

마법사는 다음과 같이 친구(공모자)에게 뒤집은 카드의 정보를 준다. 모양이 같은 카드가 적어도 2개가 있으므로 뒤집은 카드를 모양이 같은 카드 옆에 놓는다. 이렇게 해서 $\frac{1}{48}$의 맞출 확률이 $\frac{1}{12}$로 줄어든다..

시계방향 또는 반시계방향으로 방향을 정하고 같은 옷 두 개 중 방향에 따라

6번 이하로 움직이는 것을 감춘다. 이제 남은 3개의 카드를 가지고 뒤집은 카드와 옆 카드의 숫자의 차이인 6이하를 표현 한다면 정확이 카드의 모양과 숫자를 알 수 있다.

이 카드 마법은 마법사와 마법사의 친구가 마법을 하기 전에 위의 내용을 약속해야 가능하다.

5장의 카드에서는 적어도 같은 문양의 카드가 두장 존재한다.

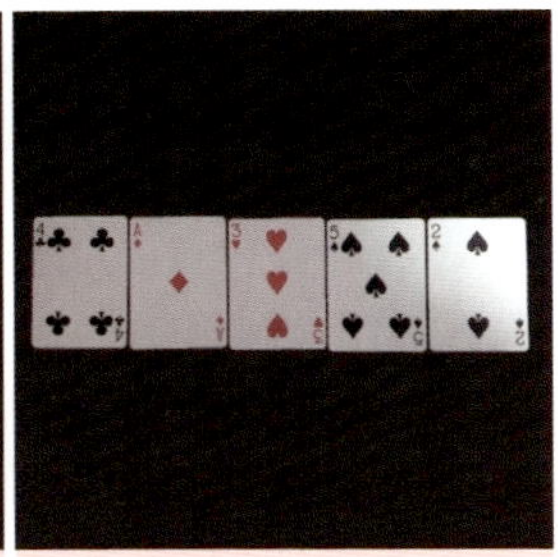

2♠와 5♠중에서 하나를 숨기도록 하자.(시계방향으로 돌기로 친구와 약속했다고 하자.)

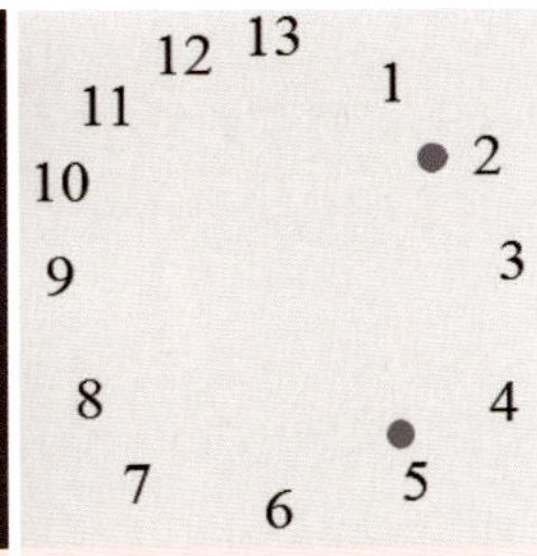

시계방향으로 돌 때 2에서5까지 3칸이동이고 5에서 2까지는 10칸 움직여야 하므로 이동이 6이하인 2를 숨긴다.

숨긴 카드로부터 3칸 이동하면 된다는 정보를 주기 위하여 314로 카드를 배열한다.

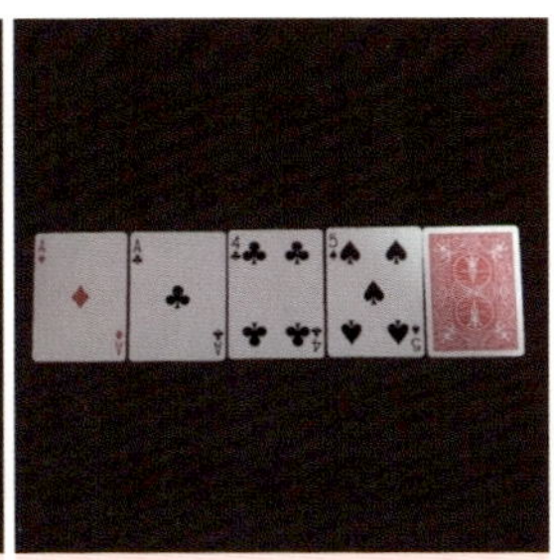

위와 같이 만약 같은 숫자가 있다면 약속된 $C<H<S<D$의 순서에 따라 $1\diamond > 1\clubsuit$가 된다.

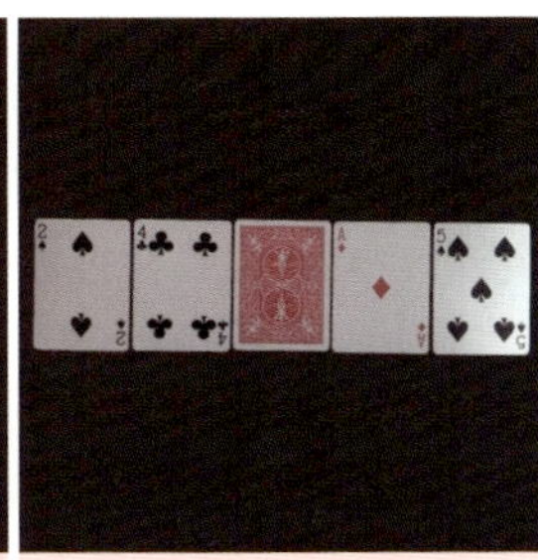

시계방향으로 움직인다고 할 때 숨겨진 카드를 구하면?

037

Fitch Cheney 카드마법 2

① 미리정한 숫자가 다른 카드 5장을 한 벌의 카드 Top에 놓고 리플셔플을 한다. 이때 맨위 카드 5장은 섞이지 않도록 한다.

② 관중은 맨위 5장의 카드를 가져가라고 하고 임의대로 섞어 앞면으로 한다.

③ 마법사 이제 마법사는 오름이나 내림차순의 3개의 수를 뒷면으로 놓는다.

④ 마법사 친구는 3장 각 위치에 해당되는 정확한 카드의 숫자를 알수 있다.

원리 $n=(k-1)^2+1$에 의하여 $1\sim n$의 수가 임의대로 나열되면 적어도 K개의 숫자는 오름차순이나 내림차순으로 되어 있다는 정리 내용으로 카드마법에 응용될수 있다.

예) Top 에 5섯장의 카드 3,4,5,6,10이 있었고 관중이 섞어 5, 4, 6, 3, 10으로 나열했다고 하자.

마법사는 5, 6, 10 올림차순 으로 숨기고자 마음먹고 숨기는 5카드를 조금 올려 마법사 친구 에게 힌트를 주고 5, 6, 10 카드를 뒷면으로 한다. 이제 마법사 친구는 보이지 않는 카드 5, 6, 10이 올림차순으로 뒷면으로 되어 있는 것을 알기 때문에 숨겨진 순서에 따라 정확한 카드를 말할수 있다.

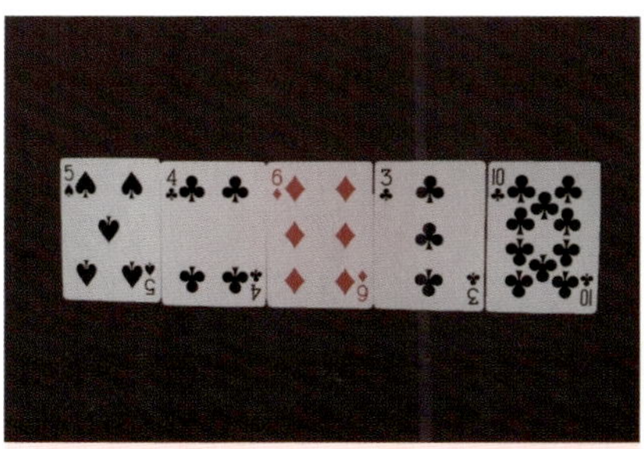

관중이 섞어놓은 카드

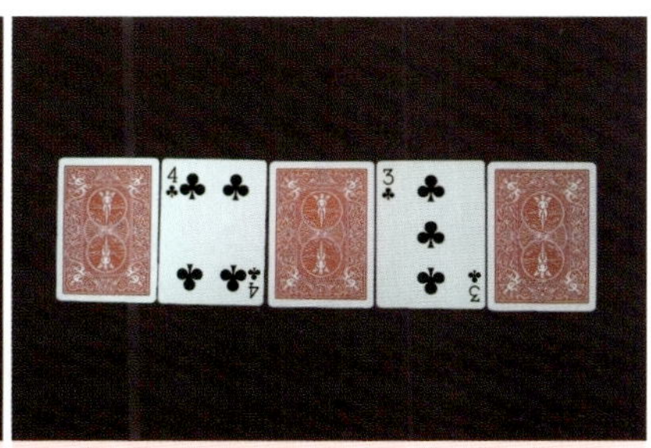

마법사 친구는 반드시 존재하게 3개이상의 내림이나 오름차순의 카드를 뒤집어 놓으면 마법사는 각 위치에 대한 카드를 정확히 알수 있다.

시계산술 트릭

12시를 기준으로 시계방향으로 9시까지 9칸 이동하면 시계반대 방향으로 3칸(9시) 일치하게 된다. 이는 일반화 될수 있고 수학트릭에 자주 사용된다.

038

시계산술 마법 1

① 마법사는 b를 말한다.

② 관중은 시계안의 숫자(시간) 하나를 정한다.

③ 관중은 본인이 정한 숫자가 a라면 a부터 하나, 둘 세어 ...b가 되는 순간에 마법사의 움직임을 멈추라고 한다.

④ 관중이 수를 셀 때에 맞추어 마법사는 시계 위의 숫자를 가리키며 마음대로 움직이다.

⑤ 마법사는 관중이 처음 정한 숫자에 도착하게 된다.

원리 b=20이고, a=5라면 관중이 5부터 20까지 16번셀 때 마법사는 20-12=8만큼은 임의대로 움직이고 9번째는 12의 위치에서 시계 반대방향으로 한칸씩 움직인다. 관중이 정한 숫자 5에 도달한다. b는 12보다 큰 임의의 숫자가 될수 있고 관중이 고를수 도 있다.

039

시계산술 마법 2

① 카드를 123456, 123456과 같이 뒷면으로 배열한 후 임의의 컷을 한다.

② 위에서부터 6장을 순서대로 내려놓아 파일1을 만들고(6번째 카드가

Top에 오게된다.)나머지 남은 카드를 파일 2라 하자.

③ 마법사는 관중에게 1~5까지 임의의 수를 말하게하여 한쪽 파일에서 그 수 만큼 차례로 Bottom에 위치하고 난후 Top카드와 같은 숫자를 다른 파일에서 금방 보일수 있다. 예로 관중이 2를 말했다면 한쪽에서 2장을 다른한쪽에서 3장을 bottom에 위치시킨다. 그럼 top카드가 같아지는데 이때 top카드를 같이 제거하거나,한쪽파일의 top카드를 bottom에 위치시키면 다시 대칭인 파일이 되어 같은 방법(n장에 대하여 n-1)으로 같은 숫자를 짝지울수 있다.

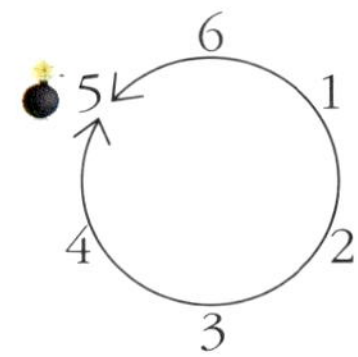

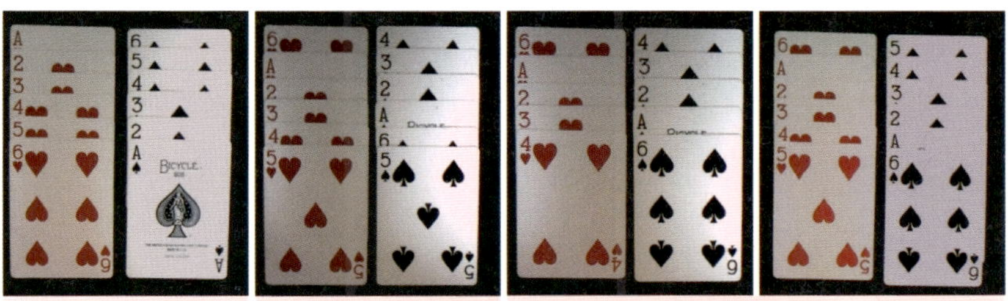

두파일의 처음 시계 반시계 배열

5장에 대하여 각각 1장과 4장을 밑으로 옮김

맨위의 카드는 같은카드가 되고 같이 재거하거나 한 장을 뒤로하면 다시 시계,반시계 배열이 된다.

실제 마법에서는 카드를 뒷면으로 해서 실시한다.

원리 a. n장의 카드를 마음대로 컷하여도 파일의 배열은 변하지 않는다. 원순열의 원리와 같다.

b. n장의 카드 쌍이 서로 역순으로 배열되었을 때 n-1=a+b 한쪽에서 a만큼, 다른 한쪽에서 b만큼 Top에서부터 Bottom 위치할 때 Top카드의 숫자가 같아진다. ③에서 반복할 때 주의 할점은 같은 Top 카드가 나왔을 때 다시 역순으로 배열하는 방법은 한쪽 파일에서 한 장만 Top에서 Bottom으로 위치하면 된다.

040

시계마법 3(합성함수)

① 관중은 12시 위치에서 시작하여 다음의 대응 관계에 따라 이동한다

숫자(시간)		대응	숫자		대응	숫자		대응	숫자		대응
1	one	3	4	four	4	7	seven	5	10	ten	3
2	two	3	5	five	4	8	eight	5	11	eleven	6
3	three	5	6	six	3	9	nine	4	12	twelve	6

② 관중은 임의의 시간을 택하고 택한 시간에 대응되는 스펠링 수 만큼 이동한다.

③ 대응된 카드숫자 시간에 해당되는 스펠링수 만큼 다시 이동한다.

④ 다시 대응되는 카드숫자 시간에 해당되는 스펠링수 만큼 이동한다.

⑤ 세 번의 대응관계후 마법사는 이제 관중의 위치가 아닌 시간을 제거해 가며 계속되는 이동에서 관중이 있는 시간을 알수 있다.

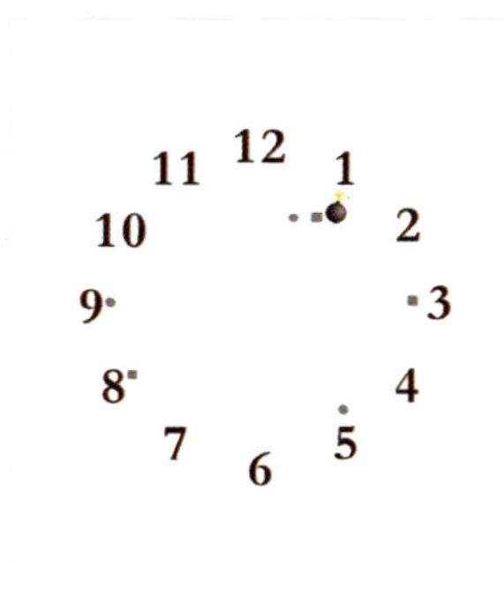

원리 마법사는 3번의 대응관계에서 관중의 위치가 1에 위치함을 알수 있다. 따라서 몇 개의 시간을 제거하면서 관중의 위치를 알수 있다.

시간	1	2	3	4	5	6	7	8	9	10	11	12
대응1	3	3	5	4	4	3	5	5	4	3	6	6
대응2	8	8	9	8	8	8	9	9	8	8	9	9
대응3	1	1	1	1	1	1	1	1	1	1	1	1

041

우연을 가정하여 사랑고백하기(이진법 응용)

○○○	○○U	○U○	○UU
당	신	을	사
0(8)	1	2	3
U○○	U○U	UU○	UUU
랑	합	니	다
4	5	6	7

마법사는 미리 펀치와 가위, 포스트잇 를 이용하여 각 글자에 해당되는 숫자를 이진수로 펀치와 가위를 이용하여 만들어 흩어트린후 무슨 문장일지 관중에게 물어 본다.

임의대로 파일을 만든후 오른쪽부터 연필를 넣고 심하게 흔들어 연필에 남는 것들을 앞쪽으로 놓고 떨어져 나간 것들을 뒤쪽으로 놓는다.○에 연필을 넣으면 카드가 연필에 걸리게 되고, U에 넣으면 카드가 연필에서 빠져 나간다. 같은 방법으로 두 번째, 세번째 구멍에 연필을 넣어 심하게 흔들어 연필에 남는 것들을 앞쪽으로 놓고 떨어져 나간 것들을 뒤쪽으로 놓는다.

정리된 파일의 첫장부터 카드를 넘기면 '당신을 사랑합니다' 라고 정렬되어 있다. 사랑을 고백해 보세요.

042

시계산술 마법 3

① 관중은 8개의 단어를 말하고 마법사는 빈 카드에 8개의 단어를 적고 뒷면에 1~8를 기록한다.

② 카드들이 임의대로 섞여지고 관중은 카드 한장을 골라 단어와 뒷면의 숫자을 기억한다.

③ 마법사는 섞어진 단어들을 관중이 볼수 있도록 펴서 관중에게 보인 상태에써 카드를 하나씩 던저 테이블에 놓는다.

④ 관중은 마법사가 테이블에 놓는 카드수를 세는데, 자신이 정한 카드의 숫자부터 세어 8이 될 때 멈춰라고 한다.

⑤ 마법사의 마지막 멈춰진 단어가 바로 관중이 정한 카드가 된다.

임의대로 카드가 섞여진다. 위표대로 글자에 따라 숫자가 정해저 있다.

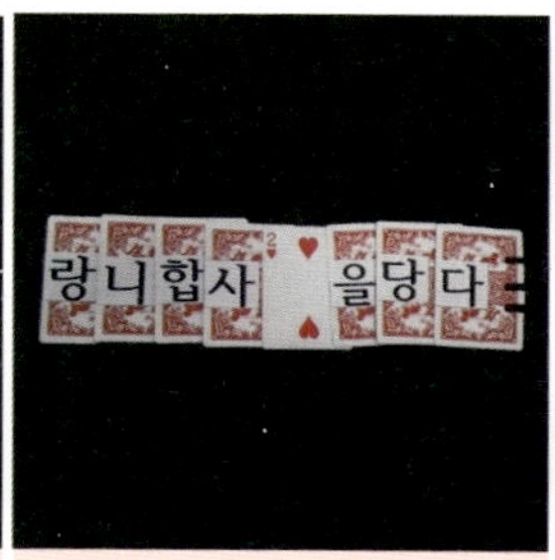

관중이 '신'2를 골랐다고 하자.

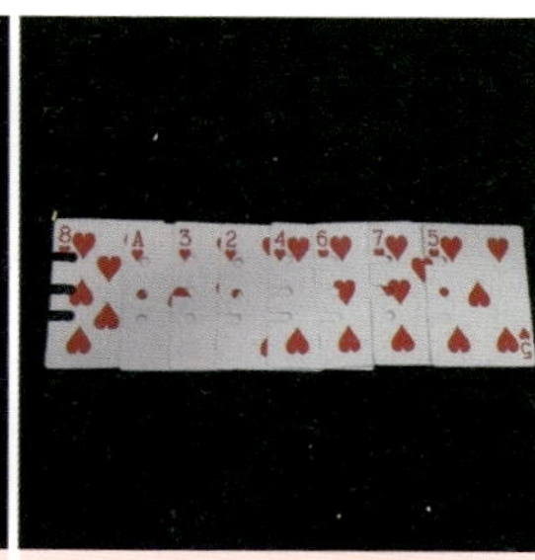

다시 임의대로 섞여진 카드의 숫자는 마법사, 글자는 관중이 보게 된다.

마법사는 8, 7, 6, 5, 4, 3, 2 순으로 카드를 내려 놓고
관중은 2, 3, 4, 5, 6, 7, 8 순으로 카드르 세어 나가면
7곱 번째에 관중은 멈추게 되고 그때 마법사가 내려놓는 카드가 관중이 고른 카드가 된다.

원리 마법사는 뒷면의 숫자 8, 7, 6, ... 순으로 카드를 내려 놓기만 하면 된다.

043

관중 마음읽기

a	b	c
1,3,5,7	2,3,6,7	4,5,6,7

① 마법사는 관중에게 마음에 숫자(1~8)중 하나를 정하라고 하고, 마법사는 숫자가 4개씩 숫자가 적힌 a,b,c 놓고 마음에 정한 숫자가 어느곳에 있는지 관중에게 물어본다.

② 임의대로 섞인 8개의 숫자 카드파일의 구멍 a(왼쪽), b(가운데), c(오른쪽) 각 카드에 대하여 마음에 정한 숫자가 a, b, c카드(구멍) 있다고 하면 연필에 붙은것을 버리고 없다고 하면 연필에 붙은 것을 남긴다.

③ 위의 과정을 3번 반복하면 관중이 마음에 정한 카드만 남는다.

숫자 5는 a(왼쪽),c(오른쪽)카드에 있고 b(가운데) 카드에는 없다. 따라서 가령, 왼쪽부터 연필에 붙는 것을 버리고, 붙는 것을 남기고, 붙는 것을 버리면 최종적으로 5라는 숫자만 남게 된다.

3진법으로도 확대 가능하다.

1,2,2,3,5,5,7,8,8,10,11,11,13,14,14,16,17,17,19,20,20,22,23,23,25,26,26,	3,4,5,6,6,7,7,8,8,12,13,14,15,15,16,16,17,17,21,22,23,24,24,25,25,26,26	9,10,11,12,13,14,15,16,17,18,18,19,19,20,20,21,21,22,22,23,23,24,24,25,25,26,26

① 마법사는 관중에게 1~26중 한 숫자를 마음에 정하라고 한다.

② 마법사는 차례대로 위의 카드를 보여주며 마음에 정한 숫자가 각 카드에 몇 개 있는지 물어본다.

③ 마법사는 관중의 마음을 읽어 관중이 정한 숫자를 알수 있다.

전략 관중이 정한 3진법으로 표현가능하며 각 카드에 있는 마음에 정한 숫자는 오른쪽부터 자리수를 알려준다.

아래 표를 이용하여 전략을 이해하자.

수	3^2	3^1	3^0	수	3^2	3^1	3^0
1	0	0	1	14	1	1	2
2	0	0	2	15	1	2	0
3	0	1	0	16	1	2	1
4	0	1	1	17	1	2	2
5	0	1	2	18	2	0	0
6	0	2	0	19	2	0	1
7	0	2	1	20	2	0	2
8	0	2	2	21	2	1	0
9	1	0	0	22	2	1	1
10	1	0	1	23	2	1	2
11	1	0	2	34	2	2	0
12	1	1	0	25	2	2	1
13	1	1	1	26	2	2	2

044

논리문제 해결하기

삼형제 A,B,C는 집에서 공부할 때 다음의 규칙대로 공부한다.

a. A가 공부하면 B도 공부한다.

b. B와C는 같이 공부하거나 같이 논다.

오늘 보니 A가 공부를 한다. B와 C는 공부 할까? 아니면 놀까?

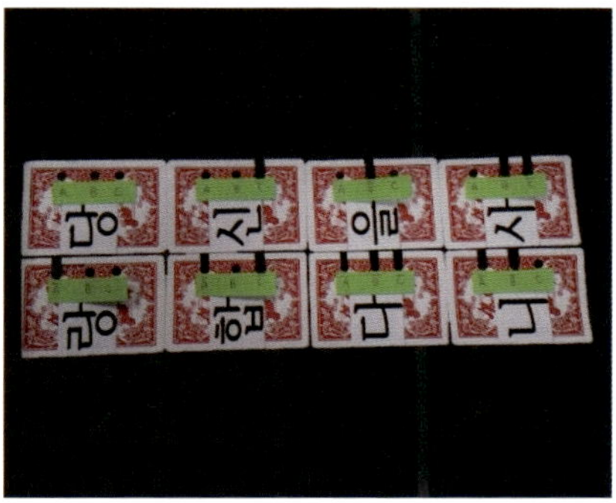

○○○	○○U	○U○	○UU
ABC 세명이 모두 공부하는 경우	$AB\overline{C}$ C를 제외 한 2명이 공부하는 경우	$A\overline{B}C$ B를 재외 한 2명이 공부하는 경우	$A\overline{B}\,\overline{C}$ A만 공부 하는 경우
U○○	U○U	UU○	UUU
$\overline{A}BC$	$\overline{A}B\overline{C}$	$\overline{A}\,\overline{B}C$	$\overline{A}\,\overline{B}\,\overline{C}$

기존의 카드를 재사용하기 위하여 포스트 잇에 명제기호를 위표와 같이 적어 놓는다

먼저 A가 공부한다고 하니 위의 8장 카드에서 A의 구멍에 연필을 넣어 밑에 남는 것을 버린다.
조건 a: $A\to B$이므로 a의 부정 $A\cap B^C$, $A\overline{B}$ 즉 남은 카드더미 중에서 가운데 연필을 넣어 밑에 남는 것을 버린다.
조건 b를 만족시키기 위하여 남은 카드더미에서 $B\overline{C}$, $\overline{B}C$ 같은방법으로 B, C자리에 연필을 넣어 남는 것을 버린다.
이제 남은 카드 한 장의 카드 ABC만 남어 삼남매가 모두 열심히 공부하고 있음을 알 수 있다. A만 공부시키면 된다.

045

Kruskal's Count Card trick(확률변수)

Martin Kruskal에 의하여 고안된 카드마법의 한 가지 변형으로 학교수학에서 학습되는 많은 확률학습요소를 가지고 있다.

① 관중에게 한 벌의 카드를 완전히 섞은 후 적당한 크기의 직사각형 모양으로 배열하라고 한 후 임의로 하나의 카드를 선택하게 한다. 가령 배열을 6×8, 그리고 7행에는 4개+조커카드, 모두53장의 카드를 배열했다고 하자.
② 1행에서 관중이 고른 카드의 숫자만큼 이동한다.
③ J, Q, K은 1로 간주한다.
④ 이동된 카드의 숫자만큼 다시 이동한다.
⑤ 1행의 어떤 카드의 숫자에서 시작하더라도 끝나는 위치는 같다. 마법사는 끝나는 위치에 미리 조커를 놓는다.

이 마법의 수학적 원리는 임의로 선택되어진 카드의 숫자만큼 이동하는 경로 중에 적어도 한 개의 같은 숫자가 있는 카드가 있다면 마지막에 도착되는 카드는 같다는 것으로 이동 중 공통인 카드가 없을 확률을 구하여 적어도 하나의 같은 카드에 도착될 확률을 계산 하는 것이다. 모든 카드는 1~10까지 숫자를 가지며(J,Q,K가 작은 값을 가질수록 성공할 확률이 높아진다. 여기서 J,Q,K는 1이라고 약속하자),확률변수 1이 갖는 카드숫자의 의미는 1칸 이동한다는 의미뿐만 아니라 한칸 이동에 같은 카드숫자가 일치할 사건, 2가 갖는 카드의 의미는 두칸 이동할 때 같은 숫자카드에 일치할 사건,...,N이 갖는 카드의 의미는N칸 이동한다는 동시에 N칸 이동에 같은 숫자가 일치할 사건에 대한 확률변수로 랜덤하게 배열되어있음을 가정해야 된다. 적은 칸 이동할수록 이동 중 같은 카드숫자와 만나게 될 확률이 높아진다는 것에 착안한 것이다. 이 마법을 이해하기 위해서는 기하분포[1]에 대한 이해가 필요하지만 직관적으로 이해될 수 있다. 자, 이제 일치할 카드까지 이동하게 되는 이동칸 및 횟수의 평균값 및 기댓값을 계산하면 $\frac{1+2+3+4+5+6+7+8+9+10+1+1+1}{13}=4.46$이고 기하분포성질에 의하여 이동 중에 같은 카드를 만나게 될 확률은 $\frac{1}{4.46}$이다.(직관적으로 생각해 보면 성공할 확률이 $\frac{1}{5}$인 시행에서 우리는 5번안에 한번은 성공되리라 예상할 수 있다.)

1행에서 고를 카드가 위치할 기댓값은 $\frac{1+2+3+4+5+6+7+8}{8}=4.5$이다. 첫 번째 카드 이후에 만나게 될 카드의 개수는 $\frac{(52-4.5)}{4.46}=10.65$ 라고 대략 이라 하자 이제 숫자가 같은 카드에 이동될 확률은 $\frac{1}{4.46}$이므로 이동 중에 한 번도 같은 카드로 이동 못할 확률은 $\frac{7}{8}(1-\frac{1}{4.46})^{10} \fallingdotseq 0.03$이 된다. 이것의 해석은 100번 중 97번은 이동 중 한번이라도 숫자가 같은 카드를 만나게 되고, 이로써 최종적으로 같은 카드로 이동되게 된다. 위 마법은 카드뿐만 아니라 여러 상황에서 시행될 수 있는데, 예로 교과서 한 페이지에서 맨 윗줄에 있는 단어를 임의로 하나 선택하고 그 단어의 철자만큼 단어사이를 이동한다면 이 또한 많은 경우에 같은 단어에 도착하게 될 것이고 임의의 숫자배열안에서도 시행될 수 있다.

---

1 기하분포란 베르누이 시행에서 첫 번째 성공이 일어날 때까지의 횟수를 확률 변수로 갖는 분포로 시행 횟수를 x라 하면, $x-1$번까지는 실패하고 x번째에만 성공을 함으로 확률질량함수는 다음과 같다. $f(x)=p(1-p)^{x-1}$, $(x=1, 2, 3...)$
이 확률변수의 기댓값을 구해보면 $E(X)=p\sum_{x=1}^{\infty}x(1-p)^{x-1}=-p\sum_{x=1}^{\infty}\frac{d}{dp}(1-p)^{x}=-p\frac{d}{dp}\sum_{x=1}^{\infty}(1-p)^{x}$
$-p\frac{d}{dp}(\frac{1}{p}-1)=\frac{1}{p}$

한번 해보자 !!

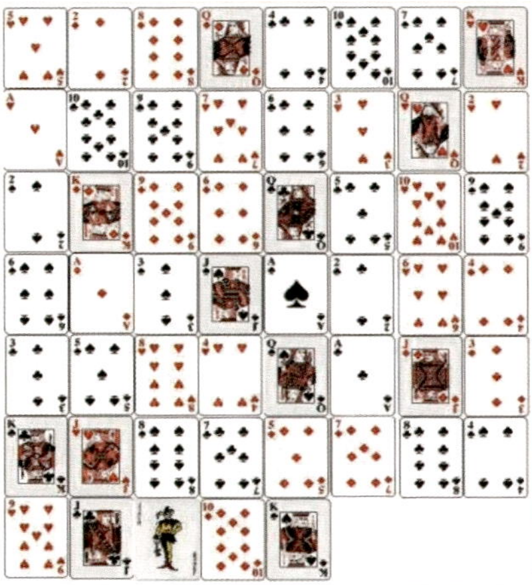

위 그림의 1행에서 관중이 8♢를 선택했다면 8칸 이동하면 3♡에서 3칸 이동하면 9♣ 9칸 이동하면 10♡ 10칸 이동하면 J♥ 1칸 이동하면 3♥ 3칸 이동하면 3♣ 3칸 이동하면 4♡ 4칸 이동하면 3♢ 3칸 이동하면 7♢ 7칸 이동하면 J♣ 1칸 이동하며 마지막 종착지인 조커에 도착한다. 조커로 마지막 위치를 조절할 수 있다.

π 숫자의 소수점 50까지 수에 대하여 한번 해보자!!

π = 3141592653
8979323846
2643383279
5028841916
9399375105
8209749986
2803482534
211706...

0은 1로 보기로 약속하자

046

비서 문제(자연대수의 도입)

회사에서 직원을 채용할 때 몇 번째부터 비교를 해야 되는지, 또는 결혼상대자를 정하려면 몇 번은 연애를 해야 되는지를 수학적으로 접근한 문제로서 다음과 같은 트릭으로 변형될 수 있다.

① 한 벌(54개의 카드)의 카드를 반씩 나누어 한 장씩 한 장씩 서로 앞면으로 내어 숫자를 서로 비교한다.
② 서로 같은 숫자 카드가 나오게 되면 게임은 끝이 난다.
③ 같은 카드가 있을지 아니면 한 번도 같은 카드가 없을지에 대하여 내기를 한다면 당신은 어느 쪽에 승부를 걸겠는가?

다시 말해서 1부터 n까지 번호가 붙은 상자에 역시 1부터 n까지 번호가 붙은 공을 무작위로 넣을 때 상자의 번호와 거기에 들어간 공의 번호가 일치하는 경우가 하나도 없을 확률을 구하기 위해 여사건을 알아보면 다음과 같다.

먼저 1~n개의 공이 상자에 들어가는 경우의 수는 $n!$이다.

적어도 하나의 공이 자기 번호에 들어가는 경우는 $n C_1(n-1)!$

적어도 두 개의 공이 자기 번호에 들어가는 경우는 $n C_2(n-2)!$

적어도 K개의 공이 자기 번호에 들어가는 경우는 $n C_K(n-k) = \frac{n!}{k!}$가 된다.

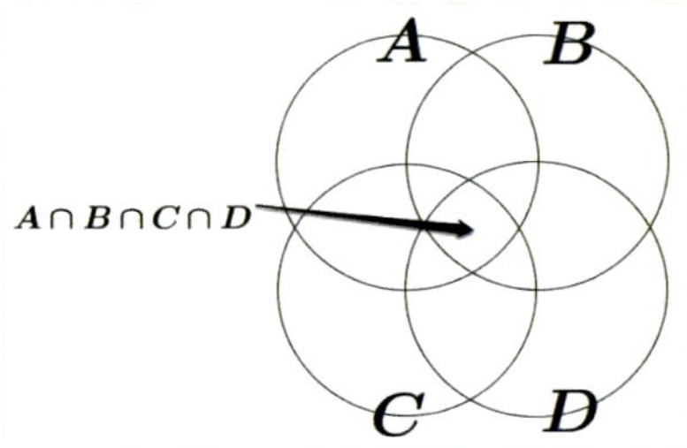

4개의 공중 적어도 한 개가 같은번호에 들어가는 경우의 수

$n(A\cup B\cup C\cup D)=n(A)+n(B)+n(C)+n(D)$
$-(n(A\cap B)+n(A\cap C)+n(A\cap D)+n(B\cap C)$
$+n(B\cap D)+n(C\cap D))$
$+(n(A\cap B\cap C)+n(A\cap C\cap D)+n(B\cap C\cap D))$
$-n(A\cap B\cap C\cap D)$

사건A를 1번공이 1번상자에 들어가는 경우의 수라고 생각한다.

이제 집합의 포함배제 원리에 의하여 적어도 한 개의 공이 자기 번호 상자에 들어가는 사진의 경우의 수는 $\frac{n!}{1!}-\frac{n!}{2!}+\frac{n!}{3!}-\frac{n!}{4!}+...(-1)^{n+1}\frac{n!}{n!}$ 이다.

확률을 구하기 위하여 $n!$로 나누면, $\frac{1}{1!}-\frac{1}{2!}+\frac{1}{3!}-\frac{1}{4!}+...(-1)^{n+1}\frac{1}{n!}$ 이 사건의 확률이 되고 이제 $1-(\frac{1}{1!}-\frac{1}{2!}+\frac{1}{3!}-\frac{1}{4!}+...(-1)^{n+1}\frac{1}{n!})=\frac{1}{e}=0.37$이 성공하지 못할 확률이 된다. 즉 직관과는 다르게 하나라도 일치할 확률이 높다.

047

세제곱근 구하기

1~100숫자중 관중이 고른 수의 세제곱을 말하게 되면 마법사는 관중이 고른 수를 알수 있다. 기본적으로 1~9까지의 세제곱만 알면 된다. 1~9의 a 세제곱은 2,3,7,8을 제외하고 끝자리가 a이고 2,3,7,8도 a와 끝자리수와의 합이 10됨으로 쉽게 외울수 있다.

a	1	2	3	4	5	6	7	8	9	10
a^3	1	8	27	64	125	216	343	512	729	1000

어떤수의 세제곱값이 19,683 이라면 어떤수의 끝자리는 7이다 다음으로 뒤에 3자리는 버리고 19를 보면 2와 3사이의 수인데 3에 가까우므로 어떤수는 37이라는 것을 알수 있다.

예) 250047의 세제곱근을 구하면? 일의 자리는 3이고 십의자리는 6이어서 63임을 알 수 있다.

048 다섯 제곱근 구하기

5제곱근 구하는 것이 어려워 보이지만 더 쉬울 수도 있다. 1~100까지 수중 관중이 임의대로 고른수를 5제곱하면 마법사는 마법사는 관중이 고른 수를 알 수 있다. 첫 자리는 자리수와 시작하는 수를 보고 알 수 있고 두 번째 자리는 끝숫자를 보면된다.

a	1	2	3	4	5	6	7	8	9	10
a^5	1	32	243	1024	3125	7776	16807	32768	590409	100000
자리수	6	7	8	9	9	9	10	10	11	12
시작수	1	3	24	1	3	777	1	3	6	1

57×57×57×57×57=601692057 자리수가 9이므로 10의 자리가 4,5,6 중 하나이고 첫숫자 6이 1과 777사이에 있으므로 5이고 일의 자리가 7이므로 57이 된다.

20511149의 5제곱근을 구하면 우선 자리수가 8이고 243보다 작으므로 10의 자리가 2이고 일의 자리가 9이므로 일의 자리는 9가 된다.

요세푸스 문제

5명이 빙 둘러 앉았을 때 시계방향으로 1부터 3명째 마다 추방을 한다고 할 때 마지막 까지 살아남는 사람은 몇 번째 앉아야 하는가?

049

시간 여행(역함수)

① 10장의 카드가 뒷면으로 되어 있는 상태에서 마법사는 첫 장 1을 넘겨 앞면으로 보이면서 "일"이라 하고 바닥에 내려놓는다.

② 다음장을 Bottom 으로 위치하며 서 "일"이라 하고 다음장 2를 앞면으로 하면서 "이"라 하면서 2를 바닥에 놓는다.

③ 다음장을 Bottom으로 위치하며 서 "일", 다음장을 Bottom으로 위치하며"이" 다음장을 앞면으로 보이며 "삼", 이라 한다. 이 과정을 9까지 앞면으로 보이고 나면 10이 마지막에 남는다.

원리

자리	1	2	3	4	5	6	7	8	9	10
남는 순서	①	⑧	②	⑨	⑦	③	⑩	⑤	⑥	④

위 배열을 만드는데 두가지 방법이 있다.

첫째, 위의 표에서 1자리에 ① 그다음 두칸가서 3자리에 ② 세칸가서 6자리에 ③ 네칸가서 10자리에 ④ ... 이 과정을 10까지 한다. 없어지는 자리를 제외하고 계속 같은방향으로 번호를 붙여간다.

둘째, 10카드를 bottom 놓고 9카드를 10위에 올린 상태에서 bottom에 있던 10을 9위로 올리면서 팔,9를 위로 올리면서,칠, 10을 올려놓으면서 육, 반복하여 일까지 한다. 그다음 두장의 10과 9위에 8카드를 올려놓고 Bottom을 Top으로 올려놓으면서 칠, 다시 Bottom을 올려놓으면서, 육 반복하여 일까지 한다, 이제 7카드를 8,9,10 세장의 카드위에 올려놓고, Bottom을 Top으로 올려놓고 오, Bottom을 Top에 올려놓고 사, 같은 방법으로 일까지 한다. 이과정을 1카드까지 한다. 시행했던 과정을 시간을 거꾸로 하여 하면된다. 정해진 자리에 원하는 낱말을 위치 시킬 수 있다. 자리에 따른 카드를 위치시키는 방법으로 역함수와 관련지어 수업에 적용시킬수 있다.

이제 요세푸스 문제를 풀어보자

	f^{-1}	
X(추방순서)	←	X(자리위치)
1	←	3
2	←	1
3	←	5
4	←	2
5	←	4

① 5 바로 위에 4를 놓는다

② bottom의 카드를 위로 두 번 올려놓고 두장의 파일위에 3을 놓는다.

③ 다시 bottom의 카드를 위로 두 번 올려놓고 3장의 파일위에 2를 올려 놓는다.

④ 마지막으로 bottom의 카드를 위로 두 번 올려놓고 4장의 파일위에 1을올려 놓는다.

1,5,3,2,4 에서 2를 컷하여 top부터 2,4,1,5,3 파일을 만들어 지고 가장 마지막까지 남아있는 자리는 5가 있는 4번 자리임을 알수 있다.

Parity 및 동전트릭

홀수, 짝수, 앞면, 뒷면 두가지 정보만 이용되더라도 많은 트릭이 가능하며 이동이 쉽고 앞뒤가 확실히 구별되는 동전이 많이 이용될수 있다.

050

parity 마법 1

① 카드의 앞면 뒷면을 섞어 정·직사각형을 만든다.

② 앞면=0, 뒷면=1을 준다.

③ 마지막 행과 마지막 열은 각 행과 열의 합이 짝수면 0, 홀수면 1이 되도록 카드를 앞면, 뒷면으로 놓는다.

④ 마법사는 관중에게 임의의 카드 1장을 뒤집으라고 한다.

⑤ 마법사는 관중이 뒤집은 1장의 카드를 정확히 알 수 있다.

전략

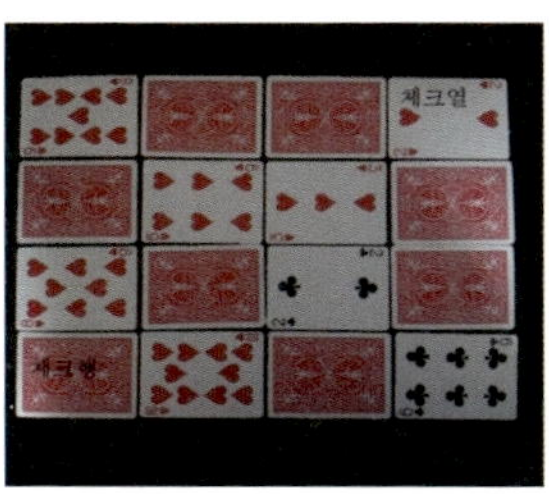

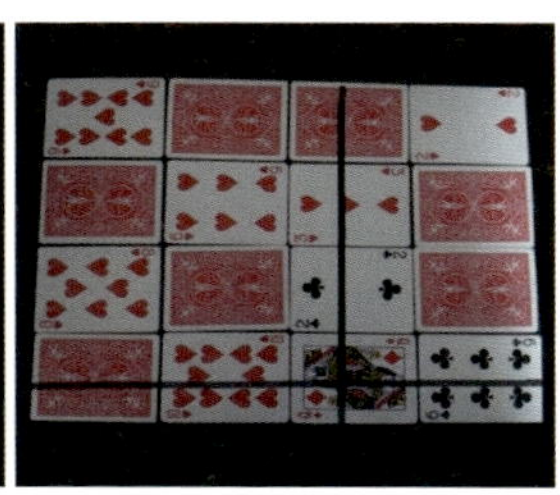

행과열의 합에따라 체크행과 체크열은 결정된다.

4행과 3열이 맞지 않으므로 행과 열의 교집합인 카드가 관중이 정한 카드가 된다.

051

피아노 트릭

① 빨간색 10장 검정색 10장의 카드을 준비한다.

각 파일에서 한 장씩 그 다음에는 팔을 크로스 하여 한 장씩 이과정을 5섯번 한후 5장씩 10장의 카드를 합한다. 합해진 카드더미에서 카드를 앞면으로 왼쪽 오른쪽에 한 장씩 놓으면 각각 빨간, 검정색 카드 파일이 생긴다. 5장씩을 본래 있던 각각의 색깔 파일위에놓아 처음처럼 빨간색 10장 검정색 10장이 되게 한다.

② 이제 위 파일에서 각각 10장씩을 모두 사용하려 한다.

한번은 그냥 다음은 크로스하여 20장의 파일을 만든후 다시 왼쪽 오른쪽으로 5섯장씩 10장을 놓은후 이번에는 카드를 뒤집어서 다시 10장을 놓는다. 관중은 뒤집은 카드가 각 파일에서 같은색이라 믿는다.

③ 마법사는 뒤집힌 카드에 손을 얹고 관중이 눈깜짝할 사이에 순간이동이 가능하다고 공언하면서 관중에게 하나, 둘, 셋하면서 눈깜박이라고 한다.

④ 마법사가 공언한 대로 뒤집힌 카드들의 색이 바뀌어 있다.

원리 검정,빨간,검정,빨간.. 홀수 장만큼 파일이 나뉘어 졌다가 합해질때와는 다르게, 짝수 장만큼의 파일이 합해질때에는 파일의 중간에 같은색 카드가 연속되어 다시 좌우에 카드를 놓을때 중간부터 다른 색이 된다.

처음 한 장씩을 놓는다.

팔을 크로스 하여 다시 한 장씩 놓는다.

다시 한 장씩은 그대로 놓는다.(홀수) 한쪽파일을 다른쪽 파일에 놓게되면 빨강과 검정이 교대하게 된다.

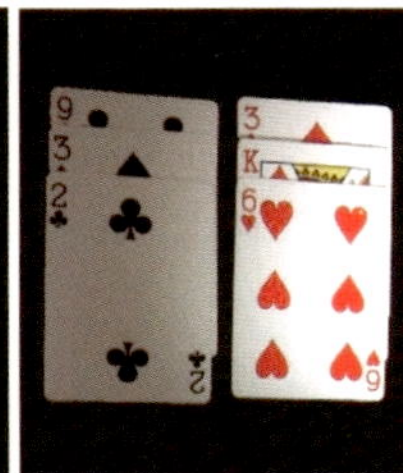

본래의 검정과 빨강색 파일위에 한 장씩 놓게 되면 검정과 빨강파일이 다시 생기게 된다.

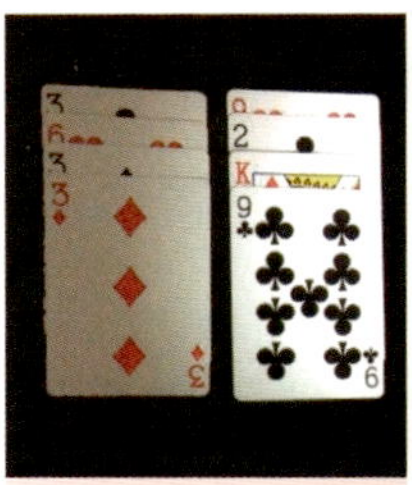

같은 방법으로 이번에는 각 파일에 4장(짝수)만큼 교대로 놓는다. 그럼 가운데 부분(빨간색 3,9)이 같은색으로 놓여지게 된다.

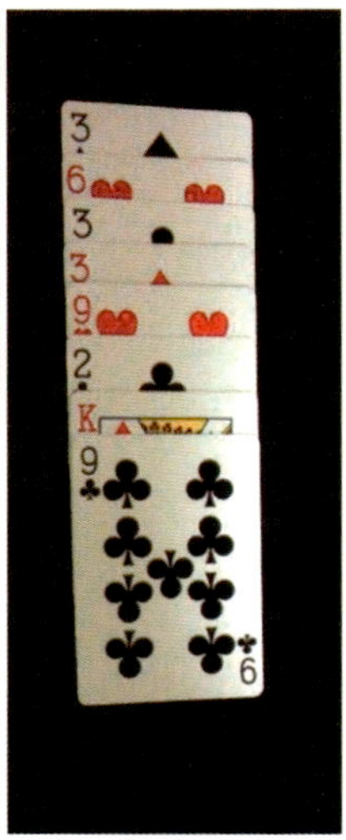

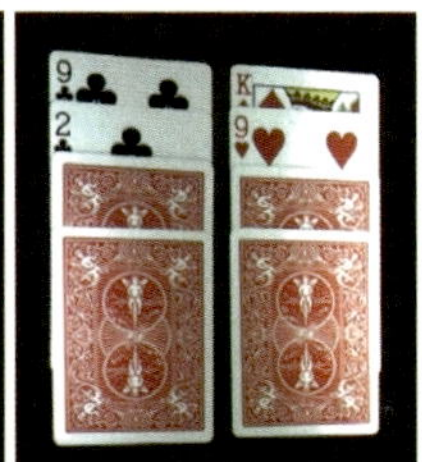

한 장씩 왼쪽 오른쪽에 절반의 카드를 놓게 되면 앞의 예처럼 같은색 파일이 만들어 진다. 나머지 절반은 뒷면인체로 같은 방법으로 놓는다.

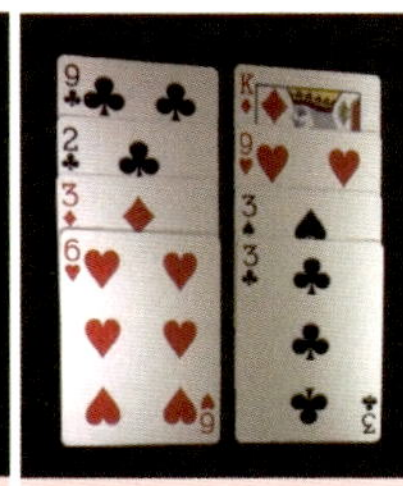

앞과 같이 뒷면도 같은 색의 파일이 기대될지 모르지만 중간 지점에 한쌍의 같은 색 카드가 생기게 되어 뒷면인 카드부터는 서로 다른색 카드가 놓인다.

이어서 같은색 파일끼리 모아 두파일을 합처 놓고 마법사는 파일을 펴면 관중은 파일의 반만큼 오른쪽부터 골라 뒷면으로 왼쪽에 차례로 놓으면 마법사는 순서대로 관중카드의 색을 알수 있다. 서로 반대색이 된다.

이어서 마법사는 다음의 마법도 할수 있다.

2n장의 카드가 반씩 같은 색으로 배열된다.

관중은 임의의 순서대로 카드를 정한다.

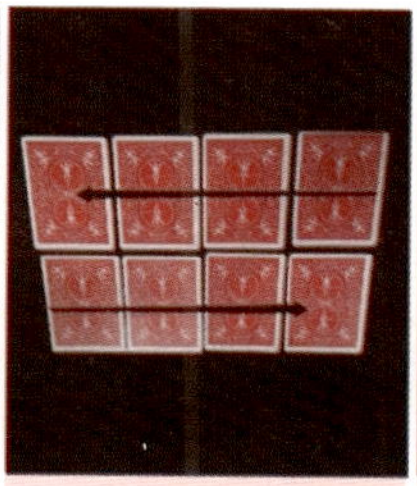

고른 순서대로 파일을 만든다. 위(관중), 아래(마법사)

마법사는 아래의 왼쪽카드로부터 관중의 오른쪽 카드의 색을 알수 있다.

052

가위, 바위, 보 마법

① 마법사는 관중에게 A,B,C 세 명의 검투사가 적힌 카드에 가위, 바위, 보가 적힌 무기카드를 나누어 주고 뒤로 한다.

② 마법사가 관중에게 무기를 한번 또는 두 번, 여러 번 바뀌게 할 때마다 누가 이길지 알아 맞힌다.

③ 마법사가 검투사을 한번 또는 두 번, 여러 번 바뀌게 할 때마다 누가 이길지 알아맞힌다.

④ 관중이 무기 또는 검투사를 임의대로 바꾸고 임의 두 명의 승부를 마법사에게 알려주면 마법사는 나머지 승부를 모두 알 수 있다.

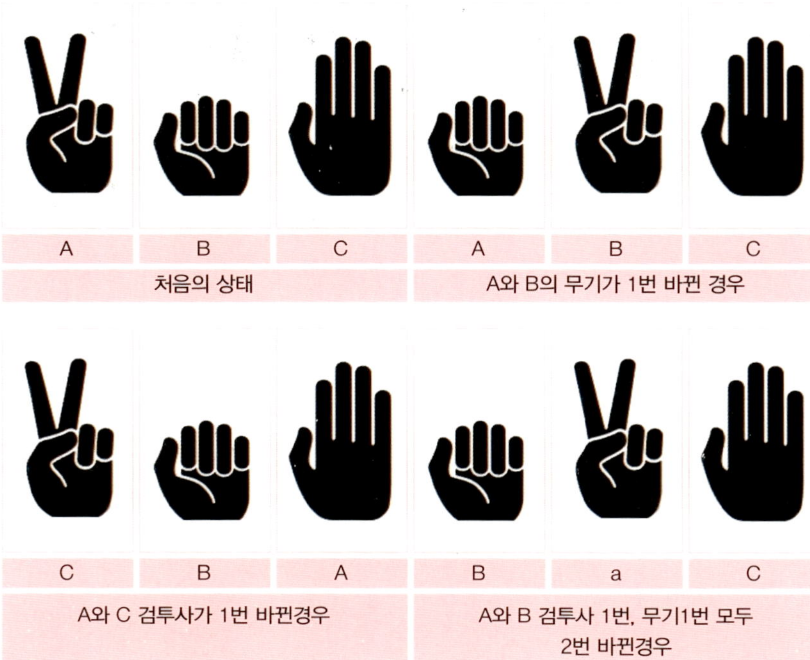

원리 마법사는 등을 뒤로 하기 전에 승부의 결과를 먼저 본다.

a. C>B>A>C인 경우를 0, C>A>B>C인 경우를 1이라 하자.

b. 무기와과 검투사가 홀수번 교환되면 0,1이 바뀌고, 짝수번 바뀌면 변하지 않는다 는 것을 알 수 있다.

c. 또한 무기의 바뀐 횟수와 검투사 의 바뀐 횟수의 합이 홀수면 0,1이 바뀌고, 짝수면 0,1이 바뀌지 않는다.

053

동전트릭 1

① 마법사는 책상위에 동전을 놓고 관중에게 두 개씩 원하는 만큼 뒤집으라고 한다.

② 관중이 한 개의 동전을 가려도 마법사는 가려진 동전이 앞면인지 뒷면인지 알수 있다.

원리 마법사는 처음에 동전의 앞면 갯수가 홀수 인지 짝수인지 확인하면 된다.

처음앞면이 4개 짝수

두 개씩 임의대로 뒤집은 결과에 임의 동전을 가린다. 앞면의 개수가 짝수이므로 가린동전은 뒷면이 된다.

동전이 두 개씩 뒤집힐 때 앞면의 홀짝 갯수는 바뀌지 않으므로 처음 앞면의 개수가 짝수라면 ①시행후에도 앞면의 개수는 짝수여야한다. 또는 1개 2개 3개 뒤집으라고 할수도 있는데 1+2+3=6짝수이므로 홀짝의 개수 바뀌지 않는다.

054

동전트릭 2

① 네 개의 동전이 한 줄에 있다.

② 마법사는 관중이 지정하는 동전의 위치를 기억한 후 뒤로 돈다.

③ 동전을 바로 이웃한 동전과 바꾸라고 라고 한다. 몇 번 반복 한다.

④ 마법사는 관중이 지정한 동전만 남길수 있다.

원리

동전을 짝수번 옮긴후	동전을 홀수번 옮긴후
짝수위치는 짝수 홀수 위치는 홀수위치로 이동된다.	짝수위치는 홀수 홀수 위치는 짝수위치로 이동된다.

동전이 네 개인 경우 가령 2번째 동전이 관중이 정한 동전이고 마법사가 5섯번 바꾸라고 하면 2번째 동전은 1번이나 3번 위치에 있을 것이다 마법사는 마지막 동전은 치우라고 하나. 이제 한번 더 정한 동전의 위치를 바꾸라고 하면 관중이 정한 동전은 가운데 있게 될것이고 마법사는 양열의 동전을 치우라고 하기만 하면 된다.

홀수위치

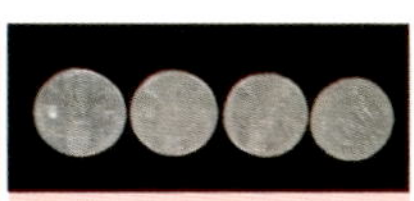

홀수번 바꾼뒤 짝수위치

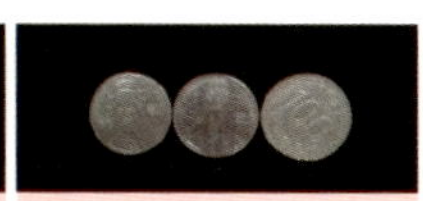

1번을 버린다.

한번 바꾼후 양끝을 버리다.

4개의 컵을 준비하고 한 개의 컵에 물을 부으라고 한다. 마법사는 물이 있는 컵의 위치를 확인한후 관중에게 물이 부어진 컵의 이웃컵에 물을 옮기라고 한다, 마법사는 엄지 1 집게 2의 번호를 부여하고 옮길 때 마다 자동적으로 옮긴 횟수가 짝수인지 홀수인지 기억하여 위와 같은 방법으로 물이담긴 컵만 남길 수 있다.

055

동전트릭 3(순열)

① 마법사는 24개의 동전을 준비하여 A=1, B=2, C=3개의 동전를 준다.

② 18개의 동전이 남았을 때. 세명 A, B, C 에게 각자 물건 a. b. c중에서 한개씩 집게한후 뒤로 돈다.

③ 이제 a를 집은 학생에게 가지고 있는 동전만큼 남은 동전에서 동전를, b을 집은 학생에게 가지고 있는 동전의 두배만큼을, c을 집은 학생에게 가지고 있는 동전의 네배만큼 가저 가라고 한다. 마법사는 이제 남은 동전갯수에 따라서 A, B, C가 집은 물건을 알수 있다.

남은동전갯수	1A	2B	3C	가저간동전갯수
1	1a	4b	12c	17
2	2b	2a	12c	16
3	1a	8c	6b	15
5	2b	8c	3a	13
6	4c	2a	6b	12
7	4c	4b	3a	11

원리 위의 표는 남은 동전의 개수에 따른 세명관중의 선택물건이다. 가만히 살펴보면 남은동전이 2개와 3개일때만 빠꾸면 a,b,c의 사전식 배열과 같다. 순열에 착안하여 1,3,2,5,6,7 순서대로 외우면 된다.

056

동전트릭 4

앞	6	7	8	9
뒤	0	1	2	3

① 마법사는 앞과 뒷면에 위와 같은 숫자로된 동전을 준비하여 관중에게 모두 앞면인 상태에서 두개씩 홀수번 뒤집게 한다.

② 관중이 동전 하나, 두 개,세개 모두를 가려도 마법사는 가려진 동전들의 합을 알수 있다.

4개의 동전을 앞면으로 한다.

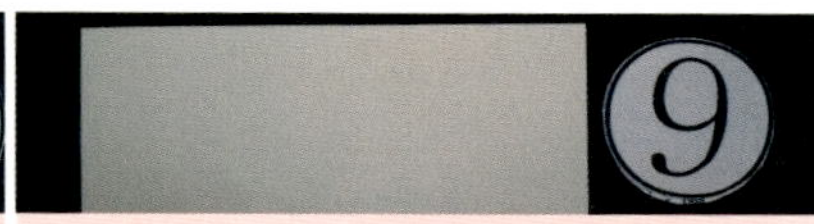

임의대로 두 개식 홀수번 뒤집고 1~3개의 동전을 가린다.

앞면의 합은 항상 18이므로 가려진 동전의 앞면의 합을 알수 있다.

원리 위와 같은 동전에서 두 개씩 홀수번 뒤집으면 보이는 동전들의 합은 18이 된다.

057

동전트릭 5

앞	6	7	8	9	10	11
뒤	0	1	2	3	4	5

① 관중은 앞뒤에 위와 같이 마법사가 숫자를 적어 놓은 동전을 준비하여 앞뒤 섞어서 1열이나 2열로 놓는다.

② 마법사는 앞면의 위치를 확인한후, 뒤로 돌아선다.

③ 관중은 3개의 앞뒤를 바꾼다.

④ 마법사는 앞에서 확인한 앞면의 위치를 기억하여 관중에게 그 위치에 있는 동전의 앞뒤면을 바꾸라고 한다.

⑤ 관중은 다시 3개를 뒤집고 뒤집은 동전을 가린다.

⑥ 마법사는 관중이 가린 3개 동전의 합을 알 수 있다.

앞면 세번째(8), 네번째(9), 여섯번째(10)에 있다.

관중이 첫 번째(0), 네 번째(9), 다섯 번째(5)동전을 뒤집었다.

마법사는 세번째(8), 네번째(9), 여섯 번째(10) 동전을 뒤집으라고 한다.

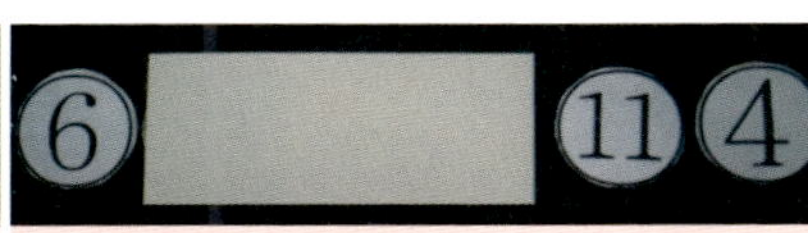

관중은 임의대로 3개를 뒤집고 가린다.

마법사는 가린 세게의 앞면의 합을 알수 있다.
2(6,11) × 12+15−(6+11+4)=7+8+3

원리	앞면의 갯수	뒷면의 갯수	
①	n	6−n	s+t=3 s는 앞면에서 뒷면 개수 t는 뒷면에서 앞면 개수
③	n−s+t	6−n+s−t	
④	n−s+t−(n−s)+s	6−n+s−t−s+n−s	
	t+s	6−t−s	
	3	3	

여기까지는 동전의 앞면과 뒷면의 개수가 같아지게 하는 작업으로 동전트릭 4 에서 하는 모든 것을 할수 있게 된다.

다음으로 ⑤ 앞면을 0개,1개, 2개, 3개 선택하고 그것에 대응하여 뒷면을 3개, 2개, 1개, 0개 선택할 때 동전의 숫자합은 다음과 같이 일정하다.

앞면의 개수×12+15-보이는 동전의 합=가려진 동전의 합

수학마법사2 -Bob Hummer

Bob Hummer(1906~1981)

수학을 이용한 카드마법의 대가로 Hummer Shuffle과 세 장 카드 마법(45~49번 마법) 및 많은 마법을 개발하는데 노력하였다. 마법을 직업으로 하는 전문 마법가였으며 주로 시카고에서 생활하였다.

bob hummer shuffle

hummer shuffle은 bob hummer가 개발한 것으로 2N개의 카드가 뒷면으로 쌓여 있을 때 Top 부터 짝수장의 카드를 같이 뒤집어 놓고 임의대로 컷을 하는 시행의 반복을 말하여 수학마법에서는 이 셔플에 이어 짝수 번째 카드를 뒤집는 시행을 더한다. 2N개의 카드에 위 hummer shuffle을 하고 짝수위치의 카드를 뒤집게 되면 처음 짝수위치에 있던 카드는 같은 면인 N장이 된다.

다음과 같이 설명된다.

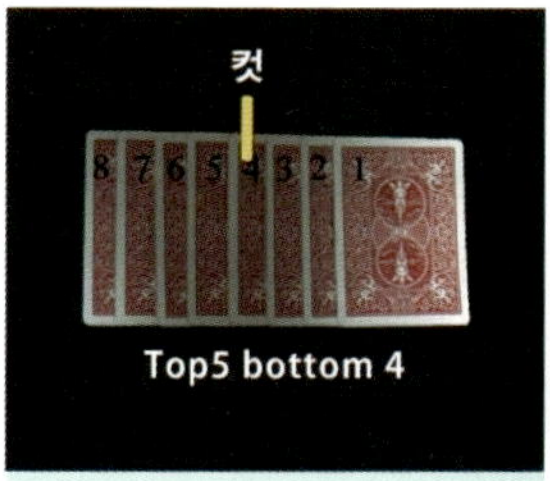

임의의 컷을 하게되면 top=5, bottom=4가된다.

위 2장카드를 뒤집는다.

6을 컷하여 bottom으로 보내고 위의 4장을 뒤집는다. 이런과정을 반복한다.

짝수번째 카드를 뒤집으면 처음 짝수, 홀수 위치에 있던 카드들은 같은 면을 갖는다.

위 그림에서 처음위치 짝수였던 2,4,6,8의 위치번호와 상태(앞면(짝), 뒷면(홀))을 합은 항상 짝수가 된다.

2N장의 각 카드에 카드의 위치가 짝수일 때 짝수, 홀수일 때 홀수, 앞면일 때 짝수, 뒷면일 때 홀수를 주어 합하면 각 카드는 짝수 또는 홀수값을 갖는다.짝수장 만큼 뒤집힌 카드들은 짝수 위치와 홀수 위치가 바뀌게 되고 앞면과 뒷면이 바뀌게 됨으로 여전히 짝수는 짝수 홀수는 홀수를 유지한다. 그러므로 처음에 짝수위치에 앞면이었던 카드는 짝수위치에 앞면 또는 홀수 위치에 뒷면으로 있게된다. 이제 임의의 컷을 하게되면 전체적으로 짝수와 홀수와 홀수가 바뀔수도 있고 바뀌지 않을수 있다. 마지막으로 짝수위치에 있는 카드를 모두 뒤집게 되면 처음 짝수위치에 있던 카드는 같은면을 가지게 된다.

058

hummer shuffle 응용마법 1

① 마법사는 2N개의 카드를 뒷면으로 하여 임의대로 섞은후 관중에게 마지막 카드를 확인하라고 한다.

② 마법사는 마지막 카드를 알아맞힐 수 있다고 한다.

③ 마지막 짝수 번째 카드를 제외하고 모든 짝수 번째 카드를 앞면으로 한다.

④ hummer shuffle을 한다.

⑤ 짝수 번째 카드를 모두 뒤집는다.

⑥ 관중의 카드만 홀로 다른 면을 가지게 되어 남게 된다.

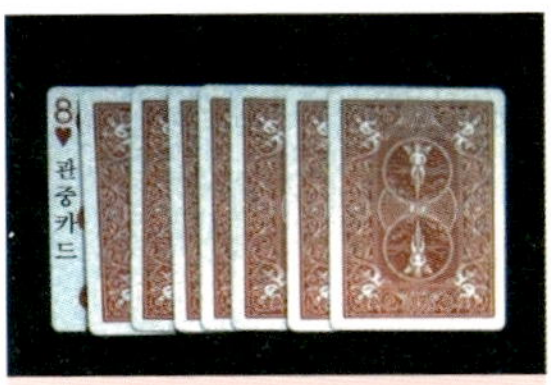

관중만 마지막 카드를 기억한다.

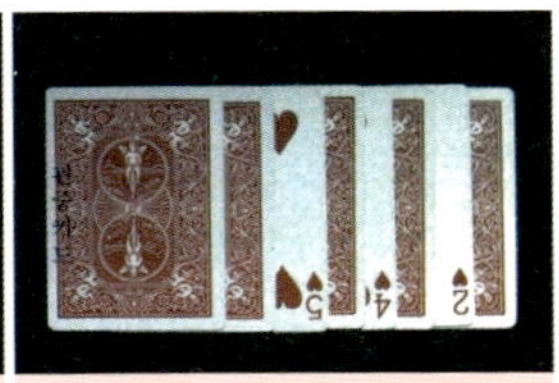

짝수번째 카드를 앞으로 하지만 마지막 카드는 뒷면이므로 마법사는 알수 없다.

hummer shuffle을 한다.

다시 짝수번째 카드를 뒤집게 되면 관중이 기억한 카드만 앞면 또는 뒷면이 되어 관중의 카드를 알수 있다.

059

hummer shuffle 응용마법 2

① 짝수개의 카드를 색을 번갈아 가며 놓되 키카드의 색은 기억한다.

② hummer shuffle을 한다.

③ 짝수 번째 카드를 모두 뒤집는다.

④ 마법사는 키카드의 앞,뒷면을 확인하면 색깔에 따른 카드의 앞뒷면을 정확히 말할 수 있다.

060

hummer shuffle 응용마법 3

① Royal flush(1♡, 10♡, j♡, Q♡, k♡) 5장과 15장의 검정색 카드를 준비한다.

② 페이스업 된 카드가 다음의 순서와 같다고 할 때 아래 표의 방법으로 배열한다.

검정(뒤),검정(앞)	빨간(뒤),검정(앞)	검정(뒤),빨간(앞)	빨간(뒤),빨간(앞)
앞 페이스 업 뒤 페이스다운,	앞, 뒤 모두 페이스 업	앞, 뒤 모두 페이스 다운	앞 페이스다운, 뒤 페이스업

③ hummer shuffle을 한 후, 짝수 번째 카드를 뒤집어 놓는다.

④ 카드 색깔별로 앞면과 뒷면을 가지게 되어 Royal flush만 앞면, 또는 뒷면을 가지게 된다.

둘다 앞면

둘다 앞면

5앞면 1뒷면

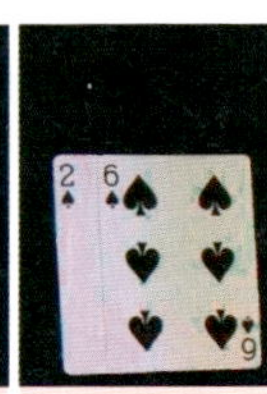

6뒷면 2앞면

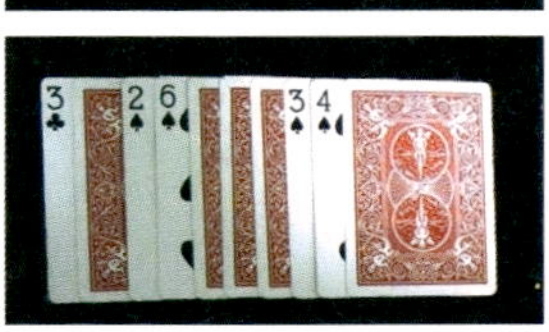

홀수를 빨간색으로 앞면으로 정했다면 홀수에 있는 빨간색은 모두 앞면, 짝수에 있는 빨간색은 뒷면으로 한다.

홀수에 있는 검은색은 뒷면, 짝수에 있는 검은색은 앞면으로 한다. 짝수에 있는 카드만 앞뒤면이 바뀌기 때문이다.

061

세 카드 마법 1

① 세 개의 카드 1,2,3을 왼쪽부터 를 앞면으로 놓는다. 마법사는 세 카드 중 임의대로 한 개(예로 가운데2)의카드를 기억한다.

② 마법사는 등을 돌려, 관중에게 카드 한 장을 선택하여 뒤집게 하고 나머지 두개는 위치를 바꿔 뒤집어 놓으라고 한다.

③ 마법사는 다시 돌아서서 관중에게 세 개의 카드 위치를 임의대로 바꾸라 한다. 마법사는 ①에서 임의대로 정했던 위치의 카드(2라고 믿는카드)를 계속 주시한다.

③ 마법사는 끝까지 추적한 카드(2)를 뒤집어 ①에서 기억한 카드이면 관중이 고른 카드는 추적된 카드가 된다.

④ 끝까지 추적한 카드가 ①에서 기억한 카드가 아니면 지금 추적된 이 카드 와 ①에서 마법사가 기억한 카드(2)가 아닌 다른 카드가 관중이 고른 카드가 된다.

전략 유한개의 경우이므로 문제 해결방법으로 유한개의 경우를 모두 조사한다.

마법사는 3장의 카드를 놓는다.

관중이 1을 선택하고 2,3의 위치를 바꾸고 뒷면으로 한다.

마법사는 가운데 카드가 2라 생각한다.

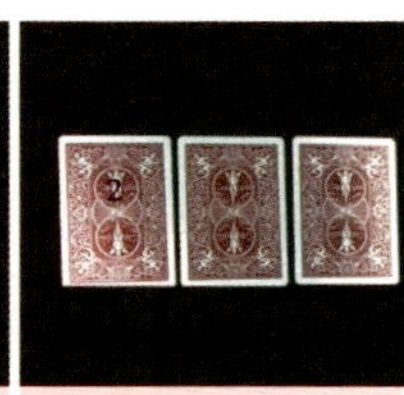
관중이 카드를 섞을 때 계속해서 2의 카드를 추적한다.

2라고 생각한 카드가 3이므로 2, 3이 아닌 1이 관중이 정한 카드가 된다.

	왼쪽 1을 선택한 경우	가운데 2을 선택한 경우	오른쪽 3을 선택한 경우
카드배열	1,3,2	3,2,1	2,1,3
마법사가 추적한 2가 3이 되어 관중이 고른 카드를 1이라 한다.		마법사가 추적한 2가 2이 되어 관중이 고른 카드를 2이라 한다.	마법사가 추적한 2가 1이 되어 관중이 고른 카드를 3이라 한다.

062

세 카드 마법 2

① 카드 숫자 1,2,3인 카드를 왼쪽부터 차례로 앞면 놓는다.

② 마법사는 등을 뒤로하고 관중은 한 카드를 골라 뒷면으로 놓는다.

③ 관중은 나머지 두 개 카드의 자리를 바꿔 뒷면으로 놓는다.

④ 마법사는 오른쪽부터 카드를 거두어 왼쪽카드가 맨 밑으로 가게 한다.

⑤ 카드를 Top에서 Bottom으로 만큼 한다.

⑥ Top 카드를 가운데, 두 번째 카드를 오른쪽에, 세 번째 카드를 왼쪽에 놓는다.

⑦ 마법사는 관중에게 자신이 선택한 카드라 생각되는 카드를 뒤집으라고 한 후 마법사는 관중이 선택한 카드를 알수 있다(예 2를 선택했음).

카드배열	관중	마법사
③	3,2,1	1,2,3
④	1,2,3	3,2,1
⑤	2,3,1	2,1,3
⑥	1,2,3	3,2,1

위 예에서 관중은 가운데 2를 고를것이고 마법사가 생각한것과 같은 카드이므로 마법사는 관중이 고른 카드가 2를 말할 수 있다.

유한개의 경우 각각의 경우에 대하여 생각해 보는 것도 좋은 수학적인 마이드로 볼수도 있으며, ④~⑥은 모두 변수로 마법사가 임의대로 정할 수 있다.

063

aba 카드마법 1

① 세 명의 관중(a,b,c)에게 세 개의 파일(A,B,C)을 최대한 균등하게 준다.

② 관중은 각 파일의 맨 밑장을 기억한다.

③ 세 명의 관중은 10~15의 숫자 중 임의의 숫자를 정한다.(맨 밑장 카드 이름의 철자 개수를 세어도 된다.)

④ 각자 정한 숫자만큼 Top에서부터 차례대로 바닥에 놓은 다음 남은파일을 그 위에 놓는다.

⑤ 마법사는 아래표의 순서대로 관중에게 파일을 배분한다. 관중은 본인 앞에 배정된 파일에 대하여 본인이 처음 정한 수만큼 Top에서부터 차례대로 바닥에 놓은 다음 남은파일을 그 위에 놓는다.

	a	b	c
1	A	B	C
2	B	A	B
3	A	B	C

⑥ 이제 마법사는 각 파일의 Top에 있는 카드가 관중이 ②에서 확인한 카드임을 보인다.

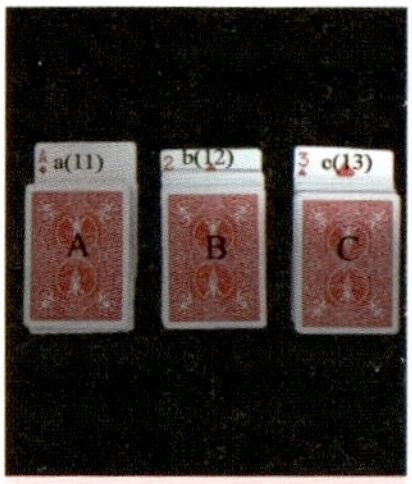

A, B, C 세사람의 bottom은 1,2,3이고

처음A,B,C가 a,b,c 파일에서 11,12,13 장 넘겨 놓는다.

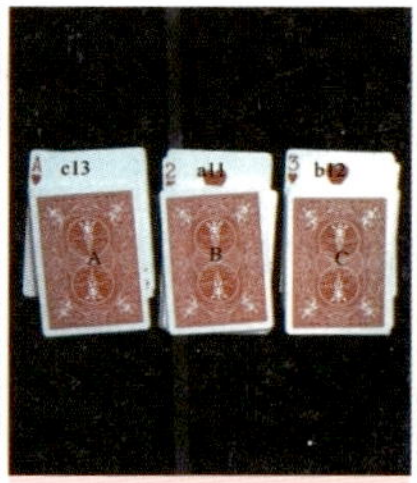

남은파일을 올려 놓고

두번째 A,B,C가 b,c,a 파일에서, 13,11,12 장 넘겨 놓는다.

남은 파일을 올려 놓는다.

세 번째 A,B,C가 a,b,c 파일에서 11,12,13을 넘겨 놓는다.

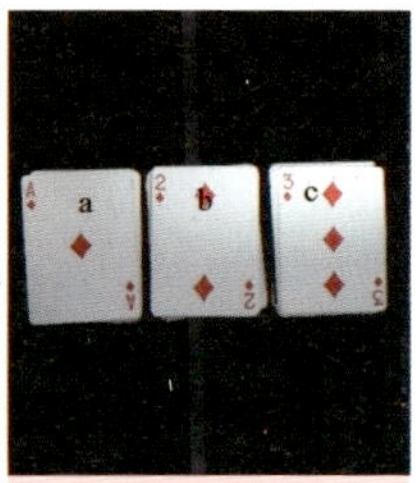

이제 A, B, C의 Top은 처음파일의 Bottom 이 된다.

전략

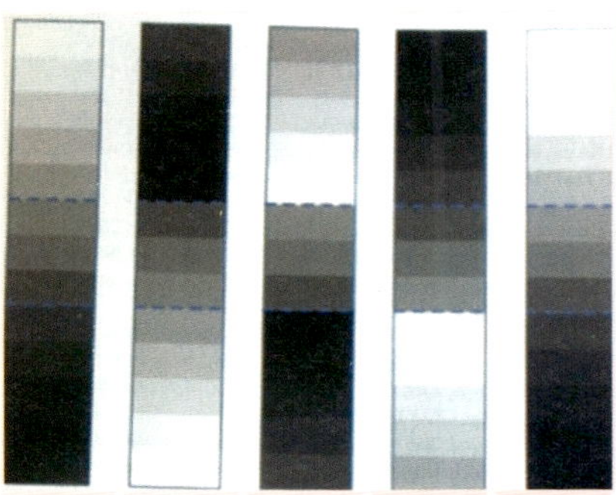

본배열　1회　2회　3회　4회

원래의 배열에서 $a \geq \frac{1}{2}n$만큼 Top에서 한 장씩 Bottom으로 3번 옮기면 Bottom이 Top이 된다. 4번옮기면 본배열이 된다.

점선부분의 카드 개수는 $2a-n$이 된다. 그림으로 증명이 된다.

일반적으로 $a+b \geq n$일 때 a,b,a,b를 하게 되면 원배열이 된다.단($a+b \geq n$, $a, b \geq n$)

063

aba 카드마법 2

① 마법사는 한 벌의 카드와 주사위 2개를 준비한다.

② 주사위 2개를 던저 나온 눈의 수 합만큼 한 벌의 카드에서 카드를 꺼낸다.

③ 마법사는 2개의 주사위중 같거나 큰 주사위를 선택한다.

④ 2개의 눈(a,b)에 대하여 a,b,a 나 a,b,a,b를 한다.

⑤ 마법사는④의 과정이 끝난후 파일의 Top에 있는 카드를 예견할 수 있다.

1~12까지 순서대로 놓는다.

1~8까지 8장을 1이 top이 되도록 꺼낸다.

마법사는 5,3,5 순으로 파일을 놓으면 본 파일의 마지막 장이 top에서 예측 될 수 있다, 5,3,5,3을 하게되면 본파일 그대로된다.

065

Ching 한자 마법(경우의 수)

I ching 은 중국에서 3000년 전에 미래를 예언하는 목적으로 중국문화와 역사에 많은 영향을 주고 있는 것으로 확률에 대한 개념이 담겨져 있다. 라이프

니치는 이진법의 기원을 I ching으로 보고 아이디어를 얻었다고 한다. 43번 마인드 리딩마법과 같지 않는가?

① 아래 표와 같이 한자를 기입한 카드를 8개 만든다.

王	元	平	求	半	米	斗	非

② 마법사는 8개의 한자 중 한 가지를 고르라 하고 아래 세 번의 배열을 통하여 마법사는 관중이 고른 한자를 알 수 있다.

첫 번째		두 번째		세 번째	
왼쪽	오른쪽	왼쪽	오른쪽	왼쪽	오른쪽
王	半	王	平	王	元
元	米	元	求	平	求
平	斗	半	斗	半	米
求	非	米	非	斗	非
—	--	—	--	—	--

③ 마법사는 위의 표 대로 세 번 카드를 배열하여 관중이 고른 카드가 어디에 있는지 묻는다. 첫 번째 시행에서 왼쪽파일에 있다면 상단에 — 을 긋고 오른쪽 에 있다면 상단에 --을 긋는다.

④ 두 번째 시행에서 관중이 고른 카드가 왼쪽에 있다면 가운데에 — 를 긋고 오른쪽에 있다면 가운데에 --을 긋는다.

⑤ 다시 카드를 정렬하여 관중이 고른 카드가 왼쪽에 있다면 하단에 — 를 긋고 오른쪽에 있다면 하단에 --을 긋는다.

⑥ 마지막 획은 마법사가 잘 마무리하여 관중이 고른 카드를 찾는다.

예) 관중의 카드가 非 이었으면 관중은세 번 모두 오른쪽 열을 알려주므로 마법사는 --(위), --(가운데), --(아래), ☷이란 정보를 가지고 가운데 양열에 두 개의 획을 그어 非 를 완성한다.

전략 경우의 수(곱의 법칙, 순열)를 이용한 카드마법으로 아래의 표을 보면 이해할수 있다.

—	—	—	☰ 王
		--	☴ 元
	--	—	☲ 平
		--	☶ 求
--	—	—	☱ 半
		--	☵ 米
	--	—	☳ 斗
		--	☷ 非

b. 다른 예로 관중이 米자를 골랐다고 하면 세 번의 시행에서 오른쪽, 왼쪽, 오른쪽을 가리켰을 것이고(米자는) 그에 따라 위의 표에서 위 -- 가운데-- 아래 — 을 그어 ☵ 모양이 된다.

c. 마법사는 가운데에 획 하나를 그어 米를 만들어 완성하면 관중이 고른 한자가 된다.

d. 한자뿐만 아니라 한글과, 영어단어에도 이용할 수 있는데 rug, hug, rag, hag, rat, hat, rut, hut. 8개의 영어단어를 이용한다면, 처음에 r이있는 영어

단어 4개, h가 있는 영어단어4개를 쌓아 관중이 고르게 하고 두 번째에는 u가 있는 영어단어 4개, a가 있는 영어단어 4개를 쌓아 관중이 고르게 하고, 세 번째는 g가 있는 영어단어 4개, t가 있는 영어단어 4개를 쌓아 관중이 고르게 하면 매 시행마다 관중이 마법사에게 철자를 알려주는 셈이 된다.

주사위 트릭

정다면체 만이 각면이 랜덤하게 나오는 것을 보증하는데 육면체는 만들기 쉽고 잘 굴러가지만 너무 잘 굴러가지는 않아 임의의 수를 생성하는데 자주 이용된다. 이러한 주사위를 만드는데 기본적인 원리는 주사위의 바닥면과 윗면에 보이는 숫자의 합이 정확히 7이다. 이 원리를 이용한 다양한 트릭이 존재한다.

066

주사위 트릭 1

① 마법사가 등을 뒤로 한체 관중은 세개의 주사위를 던진다.

② 마법사는 관중에게 세 개 앞면의 합을 구한다.

③ 관중은 한 개 주사위의 뒷면을 ②의합에 더하고 그 주사위를 다시 던져 나온 눈을 합한다.

④ 마법사는 앞을 보고 관중이 어떤 주사위를 던졌는지 모르지만 ③의 결과를 알수 있다.

3개의 주사위 눈의 합
3+4+5=12

관중이 3의 뒷면 4를 더한다.
12+4=16

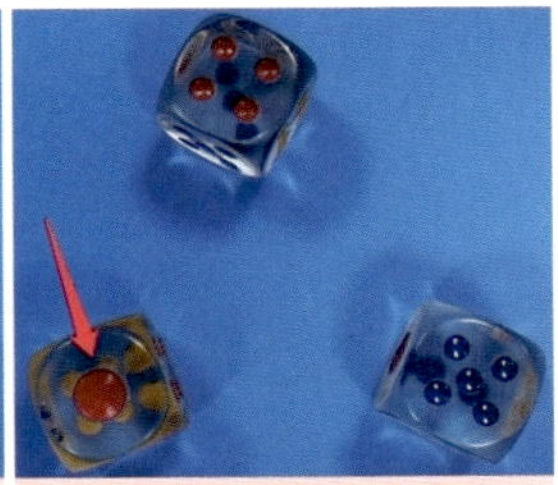

관중은 다시 그 주사위를 던졌더니 1이 나와 16+1=17이 된다. 마법사는 보이는 눈 (1+4+5) +7=17로 값을 알 수 있다.

원리 ③의 보이는 주사위 눈의 합에 7을 더한다.

067

주사위 트릭 2

① 마법사는 등을 뒤로 한체 관중에게 세 개의 주사위를 쌓으라고 한다.

② Top 주사위와 가운데 주사위가 닿은 면의 합과 마지막 주사위 와 가운데 주사위가 닿은 면의 합을 구하고 여기에 맨 아래면을 합을 구하라고 한다.

③ 마법사는 관중에게 뒤를 보면서 모자로 주사위를 가리라고 한다.

④ 마법사는 ②의 합만큼 바둑돌을 세어서 관중에게 보여준다.

원리 ③에서 마법사가 잠깐 뒤를 보았을 때 맨위 주사위 눈을 볼수 있고 21에서 이주사위의 눈의수를 빼면 된다.

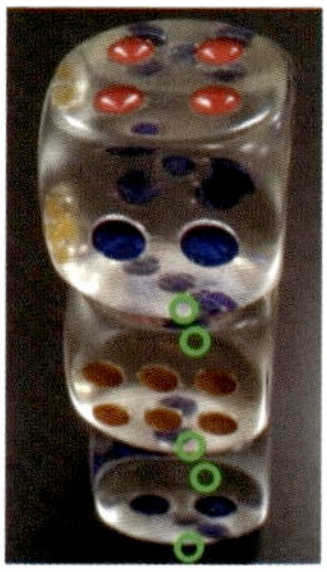

위아래 6면의 합은 모두 21이다. 따라서 21−4=17이 다섯면의 합이된다.

068

주사위 트릭 3(대수)

관중은 주사위 2개를 던져 top×top + bottom×bottom + top×bottom + bottom×top 의 값을 구하라 한다.

마법사는 두 개 주사위 눈을 모르지만 답을 구할수 있다.

원리 $a\times b+(7-a)\times(7-b)+a(7-b)+b(7-a)=49$

사각수열(달력트릭)

달력은 규칙적으로 나열된 수열과 같다. 수열과 관련된 많은 트릭이 생성된다. 다음과 같은 달력이 있다고 하자.

일	월	화	수	목	금	토
				1	2	3●
4	5	6●	7	8	9	10
11	12●	13	14	15	16	17
18	19	20●	21	22	23	24
25	26	27	28	29	30	31●

069

달력 트릭 1

① 관중은 임의의 달, 각 주에 임의의 (요일)에 대하여 한번씩 동그라미를 한다. 5주가 있으므로 5개 날에 대하여 선택할 수 있다.

② 마법사는 뒤로한체 관중이 고른 5날의 요일만 알아도 5날의 합을 구할수 있다.

원리 달력의 1일 세로줄 요일의 합은 항상 75이다.

마법사는 관중이 고른 달에 대하여 등을 돌리기 전에 1일이 무슨 요일인지확인할 수 있고 1일의 요일을 기준으로 왼쪽으로는 하루에 1씩 작아지고, 오른쪽으로는 하루에 1씩 커지는 것을 이용하면 된다. 위 달력에서 1일은 목요일이고 관중이 월요일 1번, 화요일은 2번, 토요일 2번 선택하여 동그라미 했다면 (월요일-목요일=-3), -3×1=-3, (화요일-목요일=-2), -2×2=-4, (토요일-목요일=2) 2×2=4, 따라서 관중이 동그라미 한 날의 합은 75+(-3+(-4)+4)=72임을 알수 있다.

070

달력 트릭 2

① 관중이 달력에서 3×3 정사각형을 만든다.

② 관중은 마법사에게 가운데 날짜를 말하게 한다.

③ 마법사는 3×3안에 있는 9개 숫자의 합을 알 수 있다.

원리

d−8	d−7	d−6	9 × 가운데 날짜 하면된다.
d−1	d	d+1	
d+6	d+7	d+8	

071

사각 수열 트릭 1(수열의 합)

① 연속된 자연수가 나열된 임의의 정사각형(4×4)을 준비한후, 마법사는 뒤로돌아 선다.

② 관중은 정 사각형안 임의의 숫자을 선택하고 그 성분이 속한 행과 열을 모두 지운다.

③ 관중은 ②에서 남은 숫자에 대하여 ②를 반복하여 모두 4개의 숫자를 남겨 합을 구한다.

④ 마법사는 ③의 결과를 알수 있다.

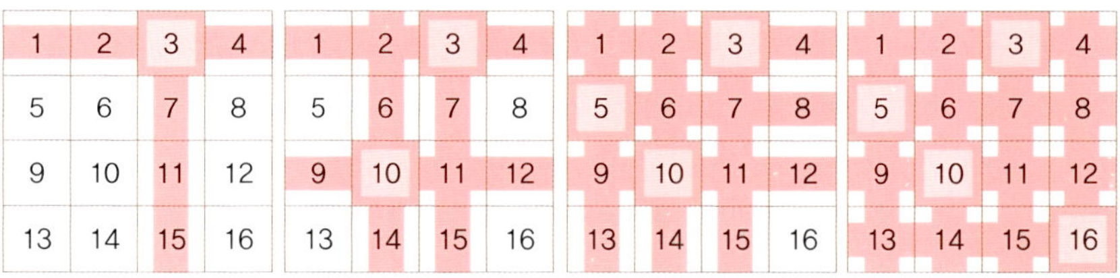

원리

	1	2	3	4
0	1	2	3	4
4	5	6	7	8
8	9	10	11	12
12	13	14	15	16

가로줄 1,2,3,4 세로줄 0,4,8,12 각각의 합이 수열을 만든다. ②③과정을 통하여 남겨진 수들은 기본 가로줄과 기본 세로줄에서 한 개씩 택한 수의 합이 되어 기본 가로줄과 기본 세로줄의 합이 된다. 이를 수열의 합을 이용하여 구하면

$\frac{n(n+1)}{2}+\frac{n(1+n-1)(n-1)}{2}=\frac{n(1+n^2)n}{2}=\frac{n^3+n}{2}$, n=4인 경우 위와 같다.

시작하는 처음 자연수가 a이면 $\frac{n^3+n}{2}+n(a-1)$이다.

072

달력 트릭 3(수열의 합)

① 마법사는 관중에게 달력에서 4×4 정사각형을 선택하고 뒤로돌아 선다.

② 관중은 정 사각형안 임의의 숫자을 선택하고 그 성분이 속한 행과 열을 모두 지운다.

③ 관중은 ②를 행한후 남은 숫자에 대하여 ②를 반복하여 모두 4개의 숫자를 구하여 합을 구한다.

④ 마법사는 앞으로 하여 대각선 방향의 두수의 합에 2를 곱하여 ③의 결과를 알수 있다.

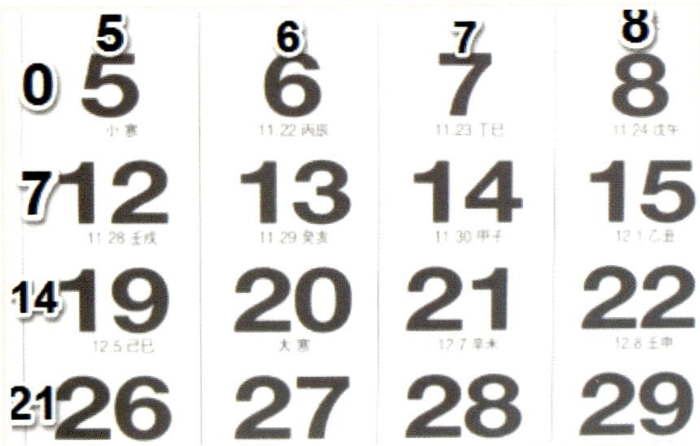

원리 $\frac{7(1+3)3}{2}+\frac{(a+3+a)4}{2}=\frac{84+8a+12}{2}=4a+48=2(a+a+24)$

위 경우 처음 시작되는 달력의 수 $a=5$이다. 따라서, 2(5+(5+24)) = 68 이다.

073

사각 수열 트릭 2

① 마법사는 관중에게 원하는 수를 말하게 한다. 예로 관중이 66을 선택했다고 하면 $\frac{n^3+n}{2}$에서 n=5일 때 $\frac{5^3+5}{2}$ =65이므로 5×5에서 사각형을 선택하고 66-65=1, $\frac{1}{5}$=0.2을 계산하여 다음과 같은 사각행렬을 만들 수 있다.

0	1.2	4.2	3.2	2.2	5.2
10	11.2	14.2	13.2	12.2	15.2
5	6.2	9.2	8.2	7.2	10.2
15	16.2	19.2	18.2	17.2	20.2
20	21.2	24.2	23.2	22.2	25.2

② 관중은 성분 한 개를 고르고 이 성분이 속한 행과 열을 지우는 과정을 반복하여 5개의 수를 남겨 합을 구한다.

③ ②에서 관중이 구한 수의 합은 바로 관중이 선택한 수가 된다.

074

사각 수열 트릭 3

① 마법사는 4명의 관중에게 a,b,c,d 기호 중에서 임의대로 고르라고 한다. 그리고 4장의 기호에 따라 숫자가 적힌 종이 4장중 1장을 임의대로 골라 가지라 한다.

② 관중이 정한 종이에는 관중이 고른 a,b,c,d 에 해당되는 A, B, C, D에 따른 수가 있을 것이다

③ 마법사는 관중들에 해당되는 수들의 합을 예견할수 있다.

c가 선택한 종이		d가 선택한 종이		b가 선택한 종이		a가 선택한 종이	
A	1	A	2	A	3	A	4
B	5	B	6	B	7	B	8
C	9	C	10	C	11	C	12
D	13	D	14	D	15	D	16

위의 예에서 a는4, b는7, c는9, d는14를 말할 것이다.

	c	d	b	a
A	1	2	3	4
B	5	6	7	8
C	9	10	11	12
D	13	14	15	16

원리 수열 트릭 1의 응용이다.

075

마방진 트릭 1

오늘 날짜로 4×4 마방진을 만들 수 있다.

2016년 1월 21일이면 21(날), 1(달), 20(전), 후(16)을 아래와 같이 배열하면 가로 세로 대각선의 모두(20+16+1+21=58)인 마방진을 만들 수 있다.

날	달	전	후
후	전	달	날
달	날	후	전
전	후	일	달

21	1	20	16
16	20	1	21
1	21	16	20
16	20	21	1

076

마방진 트릭 2

① 관중은 22이상의 수중 a를 선택한다.

a−20	1	12	7
11	8	a−21	2
5	10	3	a−18
4	a−19	6	9

② 위의 표에 a를 대입하면 관중이 선택한 a를 만드는 4차 마방진을 만들 수 있다.

홀수차 마방진 만드는 방법을 5차로 예를 들면 다음과 같다.

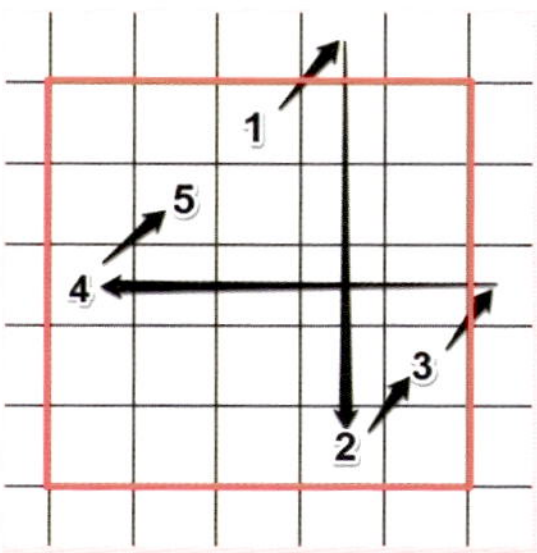

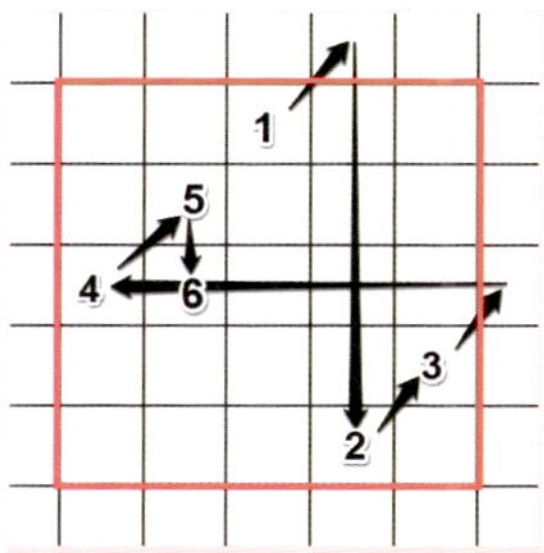

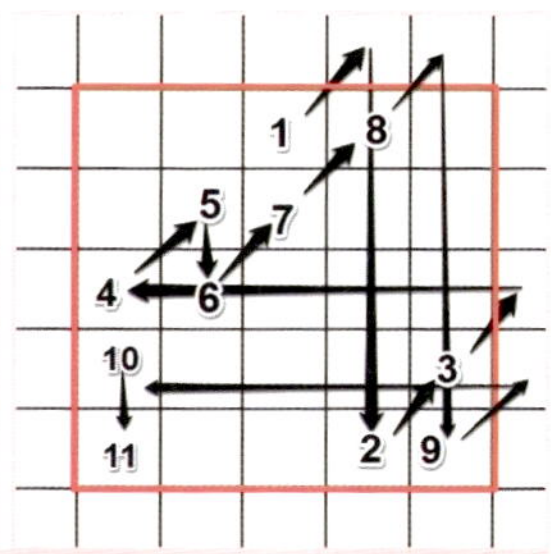

임의의 칸에서 처음①부터 시작하며 대각선으로 이동하는데 기본틀을 벗어나면②,④와 같이 위치시킨다.

⑤가 ①에 막혀 더 이상 이동못할 때 ⑤아래로 한칸 진행했다가 다시 대각선으로 이동한다 ⑥,⑪이 같은 경우이다.

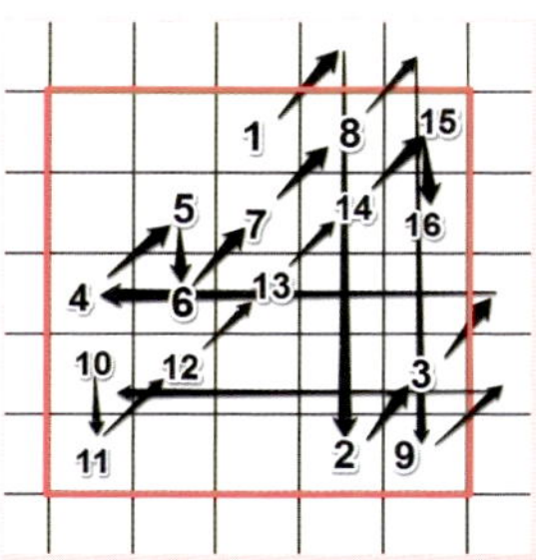

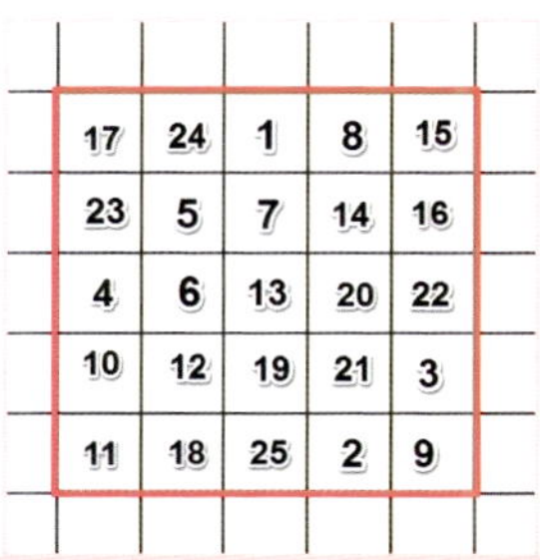

완성된 5차 마방진

특히 코너에서 더 이상 움직이지 못할 때, 한칸 아래로 진행했다가 다시 대각선 방향으로 이동한다.⑮가 코너에서 더 이상 움직이지 못해 한칸 아래에서 시작한다.

077

마방진 트릭 3(홀수차 마방진)

이를 이용하여 다음의 마방진 만드는 방법에 도전해 보자.

47	52	29	36	43
51	33	37	42	44
32	34	41	48	52
38	42	47	49	31
39	46	53	32	37

① 마법사는 관중에게 60~500 사이의 수를 선택하게한다.

② 마법사는 관중이 정한수에서 60을 뺀후 5로 나눈몫을 b라 하고 나머지를 r이라 하면 위의 표대로 5차 마방진을 구성할수 있고 관중이 정한 수가 되는 마방진을 만들 수 있다.

예) a=207, 207-60=147, 145/5=29, b=29, r=2, $\frac{a}{5}=b+r$

일반적인 방법

관중이 원하는 숫자 에 a대한 n차방진에 대하여 $a-(\frac{(1+n^2)n^2}{2}\times\frac{1}{n})-n$을 n으로 나눈 몫=m, 나머지=r로 놓아도 성립된다. r을 놓는 곳은 가로, 세로 겹치지 않는 n곳을 선택하면 된다.

*+r		b		
		*+r		
				*+r
	*+r			
			*+r	

078

등차수열 카드 마법

① 뒷면으로 밑에서부터 3, 6, 9, 2, 5, 8, 1, 4, 7, 10, 의 순서대로 쌓은 두 개의 파일을 만든다.(10이 Top에 온다.)

② 두 개의 파일을 각각 임의대로 컷한다.

③ 첫 번째 파일의 Top에 있는 숫자에, 10+숫자, 20+숫자, 0+숫자 중 3으로 나누어 떨어지는 몫+1만큼 카드를 Top에서 Bottom 에 위치한다.

④ 두 번째 파일에도 ③의 과정을 하는데, 이때 1대신 2를 더한 만큼 카드를 순서대로 Bottom에 위치한다.

⑤ 마법사는 두 파일의 앞면 숫자가 74임을 예측할 수 있다.

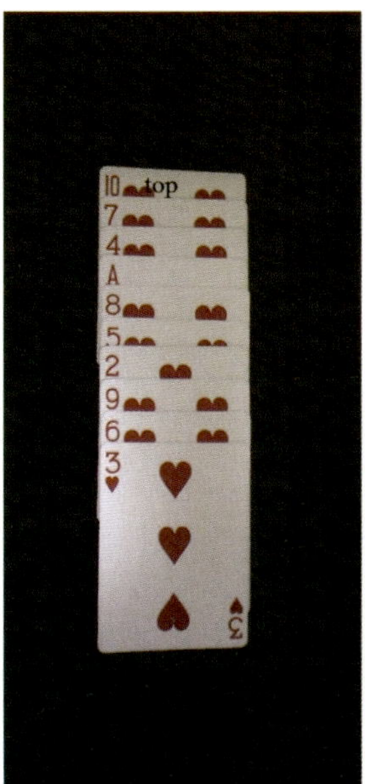

뒷면으로 밑에서부터 3, 6, 9, 2, 5, 8, 1, 4, 7, 10, 의 순서대로 놓는다.

임의대로 컷한후 첫장이 8인 경우

임의대로 컷한후 첫장이 10인 경우

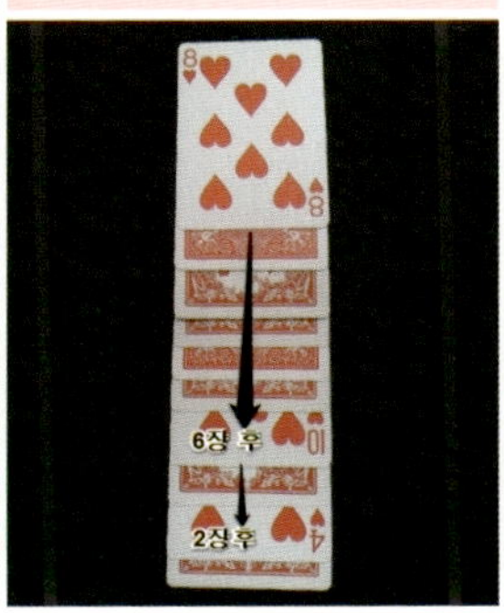

10+8=18이므로 몫이 6이 된다.6장을 bottom에 위치시키면 처음배열이 되고 2장을 밑에 놓으면 항상 4가 된다.

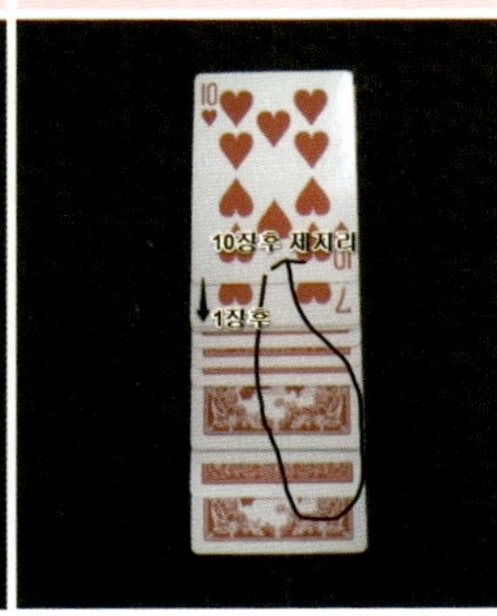

20+10=30이므로 몫이 10이된다. 10장을 bottom 놓으면 처음배열이되고 1장을 bottom놓으면 7이 된다.

전략

n	3	6	9	2	5	8	1	4	7	10
$f(n)$	1	2	3	4	5	6	7	8	9	10

Bottom 으로부터 수를 3으로 나눈 몫만큼 배열되어 있어 수에 따른 위치가 정해진다. 각카드가 정해진 위치에 놓이게 되면 처음의 수열이 된다.

예) ③에서 top이 1이었다면 몇장(1의위치)을 Bottom에 위치시키면 처음의 수열이 되는가? bottom 으로부터 1의 위치인 7에 위치해야 하므로 7장을 bottom에 위치하면된다.

079

피보나치 수열마법 1

처음과 두 번째 임의의수를 적고 세 번째 부터는 첫 번째 와 두 번째 수를 더하여 피보나치 수열을 만들어 나간다.

마법사는 10번째 항까지의 합을 금방 계산할수 있다. 피보나치 수열의 첫째 항부터 10항까지의 합을 구하는 방법으로 7번째항의 11배가 원하는 답이 된다.

1	a	a
2	b	a+b
3	a+b	2a+b
4	a+2b	…
5	2a+3b	
6	3a+5b	
7	5a+8b	
8	…	
9		
10		55a+88b

전략 7번째 항를 11배하면 된다.

$(5a+8b)\times 11=55a+88b$

080

피보나치 수열마법 2

관중에게 1~7까지 임의의 (7,7)을 재외하고 두숫자를 아래의 처음두칸에 적고 다음 칸은 앞의 두칸 숫자의 합을 적어가는데 8이상은 7로 나눈 나머지를 적는다. 마법사는 나열된 16개 수열의 합을 예견할 수 있다.

5	3	1	4
5	2	7	2
2	4	6	3
2	5	7	5

전략 (1,2)으로 시작되는 경우 1,2,3,5,1,6,7,6,6,5,4,2,6,1,7,1,1,2,3,5,....
(1,3)으로 시작되는 경우 1,3,4,7,4,4,1,5,6,4,3,7,3,3,6,2,1,3,4,7.....
(1,4)으로 시작되는 경우 1,4,5,2,7,2,2,4,6,3,2,5,7,5,5,3,1,4,5,2,....

위표에서 (1,2), (1,3), (1,4)로 시작할 때 시작될수 있는 모든 경우(48가지)를 만들고, 이때 수열의 합은 모두 63이 된다.

Gilbreath Principle

*N*개의 카드에 1~N까지 번호를 붙이자. (보통 한 벌의 카드에는 1~52까지 번호를 붙일 수 있으며, 1이 Top에 52가 맨 뒤에 위치하게 된다.)

① 1~N중 J를 정하고, 테이블에 1~J까지 차례대로 뒷면으로 놓은 파일을 하나 만든다.(J가 Top에 오게 되고 1이 맨 밑에 오게 된다.)

② 남겨진 N-J카드 파일과 만들어진 파일을 faro shuff을 한다.
이때 리플(faro) shuffle은 정확하지 않아도 된다.

③ N=10이고 J=4인 예

1			4
2			5
3	5		3
4	6	4	6
5	7	3	2
6	8	2	7
7	9	1	1
8	10		8
9			9
10			10

N개의 카드가 Gilbreath Shuffling 되면 각각의 J에 대하여 Top부터 연속적인 J개의 카드가 순서에 관계없이 연속적인 값을 가지게 된다는 Gilbreath principle을 이용한 많은 응용마법이 있다.

081

Gilbreath Principle 응용마법 1

① 카드 한 벌을 준비하여 빨간색과 검은색 카드를 한 장씩 번갈아 앞면이 보이도록 쌓는다.

② 임의의 컷을 한 후 카드의 반을 떼어내어 뒷면으로 하여 faro shuffle을 하여 한 벌의 카드를 만든다.

③ Top 두장의 색을 확인해 보면 빨간색 카드와 검은색 카드가 순서는 다르더라고 각 각 하나씩 존재하는 것을 알 수 있다.

082

Gilbreath Principle 응용마법 2

① 카드를 1,2,3,4,5,1,2,3,4,5,1,2,3,4,5,1,2,3,4,5 와 같이 쌓은 후 임의의 컷 후에 임의의장을 바닥에 내려놓는다(N장의 순서는 바뀌게 된다).

② 두 파일에 대하여 리플셔플을 한다.

③ Top의 5장의 카드는 언제나 임의의 순서대로 1,2,3,4,5의 카드가 되며 나머지도 5개씩 임의의 순서대로 1,2,3,4,5의 카드가 있게 된다.

083

Gilbreath Principle 응용마법 3

① 마술사는 52장의 카드에서 10,1,8,5,2,7,9을 찾아 10이top, 9가 bottom 에 오도록 한다. 이러한 순서로 같은 파일을 하나 더 만들어 모두 14장의 카드가 위에 오도록 한다.

② 52장 카드의 bottom 카드을 기억한 후 임의의 컷을 한다.

③ 기억한 카드를 찾아 bottom 으로 가도록 컷한다.

④ 뒷면인 한 벌의 top에서 부터 14장의 카드를 선택한 후 다시 7장의 카드를 바닥에 차례대로 놓아 7장씩의 두 개 파일을 만든다.

⑤ 관중은 각 파일에서 번갈아 1개 또는 2개 또는 3개씩 뒷면으로 선택하여 7장씩 두 개의 카드파일을 만든다.

⑥ 마법사는 두 개파일에 있는 숫자를 정확히 모두 알수 있다.

faro and reverse faro shuffle

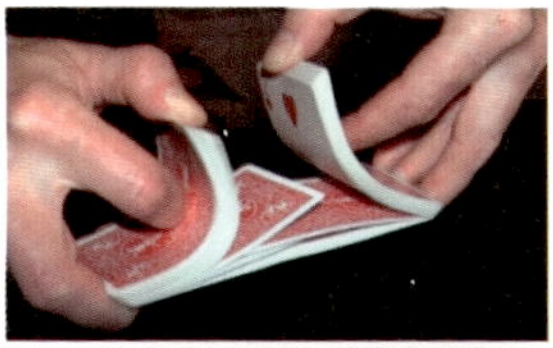

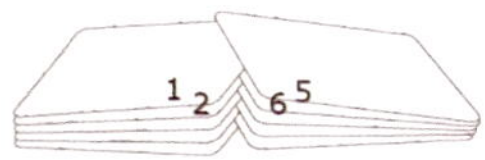

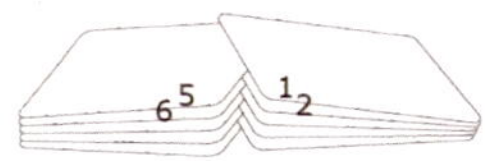

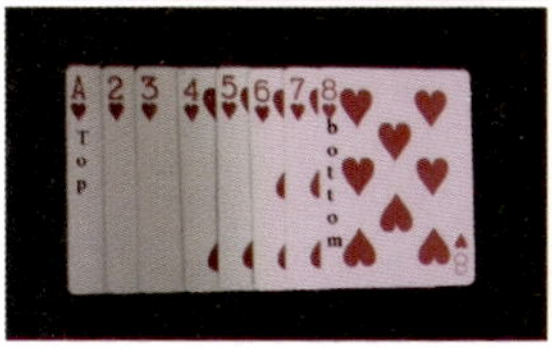

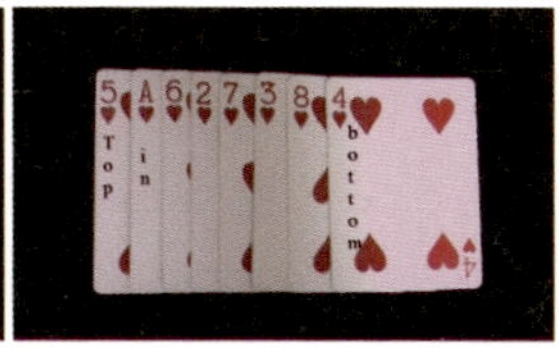

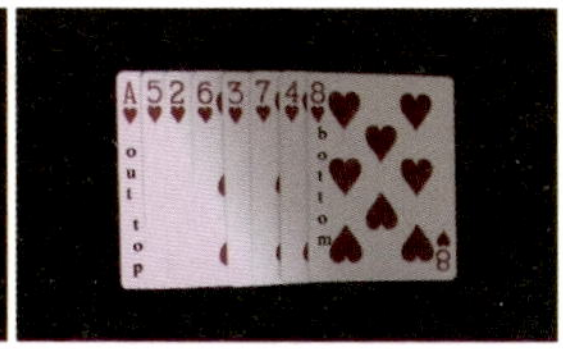

처음배열

faro shuffle

reverse faro shuffle

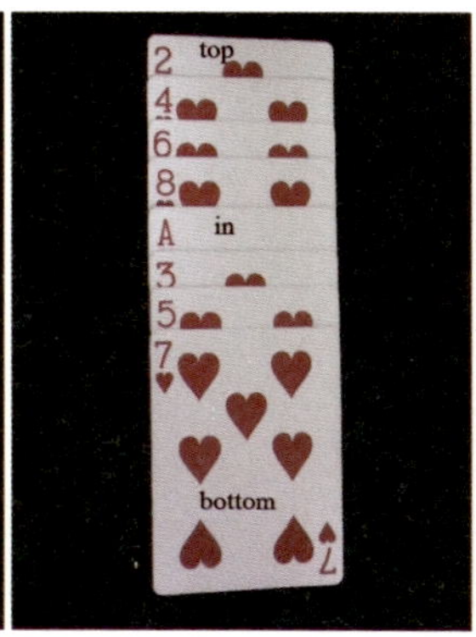

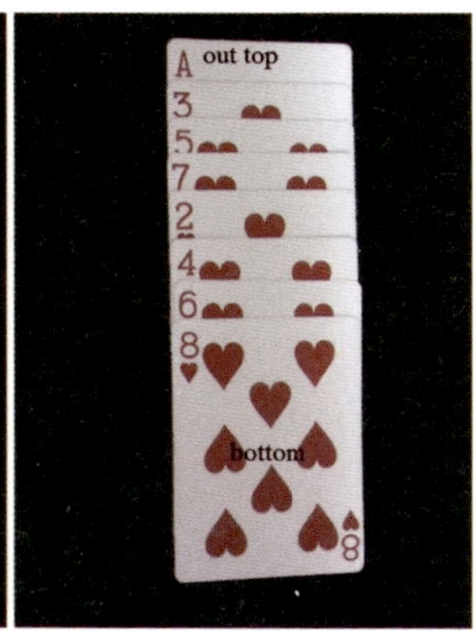

reversefaro shuffle

reverse faro in shuffel

reverse faro out shuffle

지그재그로 홀수번째 카드를 앞으로 놓는다.

홀수번째 카드들을 앞으로 하면 out, 안으로 놓으면 in 이 된다.

Brent Morris가 특허내고 박사학위 주제로 삼은 faro and reverse faro shuffle은 컴퓨터의 원하는 메모리 위치에 데이터를 저장할 수 있는 방법으로 알려져 있다.

① Top 카드를 원하는 위치로 옮기는 방법으로 원하는 위치-1을 2진법으로 표시한다. 예로 Top 카드를 13번째 위치에 놓는 방법

13-1=12=1100

왼쪽에서 오른쪽으로 in in out out faro shuffle

오른쪽에서 왼쪽으로 out, out in in reverse faro shuffle

을 하면 된다.

② faro and reverse faro shuffle은 대칭성을 보존하기 때문에 맨 아래에 있는 카드를 밑에서 13번째 위치에 놓는 방법도 위의 방법과 같다.

③ 52장 한 벌의 카드를 원래 배열대로 옮기는데 8번의 out perfect shuffle이 필요한데 아래의 공식에서 유래한다. $2^8=1mod(51)$

n장의 카드	faro(reversefaro) in shuffle	faro(reverse faro) out shuffle
짝수	$2^x=1mod(n+1)$	$2^x=1mod(n-1)$
홀수	$2^x=1mod(n)$	

faro out 셔플을 이용한 트릭은 다음과 같다.

084

27카드 faro마법(삼진법응용)

① 관중들에게 27장의 카드 중 1장을 고르고 기억하게 한 후 임의의 위치에 놓게 한다. 한 예로 관중이 A◇를 골랐다고 하자.

② 선호하는 1~27중 한 숫자 n 을 말하게 한다. n=20이라고 하자.

$n-1=a\times3^2+b\times3+c\times1$으로 표현한다. a, b, c는 0~2까지의 수를 가진다.

$20-1=19=2\times9+0\times3+1\times1=201_{(3)}$

③ 뒷면인 27장의 카드에서 한 장씩 뒤집어 앞면이 보이도록 한 장씩 한장씩 1행 3열로 3장 앞면이 보이게 놓고, 다시 조금 겹치게 하여 한 장씩 3장을 위에 놓는다. 같은 방법으로 27장의 카드를 9행 3열로 배열한다.

④ 이제 좀 전에 관중이 골랐던 카드가 있는 열을 말하게 한다. 해당되는 열을 나머지 열의 가운데 c=1(손바닥 가운데)위치에 놓고 ③의 과정을 반복하여 다시 골랐던 카드가 있는 열을 b=0(손바닥으로부터 가장멀리)위치에 놓는다.

⑤ ③의 과정을 반복하여 선택한 카드가 있는 열을 a=2(손바닥 바로 위)위치에 놓는다.

⑥ 마법사는 이제 뒷면인 27장 카드에서 선호한 숫자위치(20)의 카드가 관중이 고른 카드임을 확인 시킨다.

27카드마법(3진법)

관중이 A♥를 골랐다고 하자.

마법사는 앞면으로 1행씩 카드를 배열하여 9행 3열을 만든다.

201_3이므로 관중이 고른 카드가 있는 열을 가운데 1의 자리에 놓는다.

다시 3행9열로 배열

201_3이므로 관중이 고른 카드가 있는 열을 가운데 0의 자리에 놓는다. 다시 3행9열로 배열

이므로 관중이 고른 카드가 있는 열을 가운데 2의 자리에 놓는다.

관중의 카드가 관중이 정한위치인 20번째에 위치하게 된다.

27, 8카드마법은 3, 2진법에 관한 카드 마법으로 N진법에 관한 마법으로 확장, 전개될 수 있다.

③~⑤까지의 셔플방법은 reverse Faro out 셔플과 같은 방법으로 원하는 카드를 원하는 위치에 놓을수 있는 방법이다.

085

27카드 마법(이진법) 응용

8카드마법(이진법)

관중이 A♥를 골랐다고 하자.

마법사는 앞면으로 1행씩 카드를 배열하여 4행 2열을 만든다.

관중이 8을 선택했다면 $8-1=7=111_2$이므로 관중이 고른 카드가 있는 열을 아래쪽에 놓는다.

마법사는 앞면으로 1행씩 카드를 배열하여 4행 2열을 만들어 손1의 위치에 놓는다.

마법사는 앞면으로 1행씩 카드를 배열하여 4행 2열을 만들어 손1의 위치에 놓는다.

관중의 카드는 관중이 원하는 8번째에 놓이게 된다.

086

down and under 응용마법

다운언더 셔플방법

카드장수 n에 대하여 $n=2^s-\alpha$일 때 under and down 셔플을 하게되면 Bottom에서 α번째, down and under 셔플을 하게되면 Bottom에서 $\alpha+1$번째 카드만 남는다.

① 2^n의 카드에서 바닥에 파일 두 개를 만드는데 두 개의 파일개수가 같아지기만 하면 멈추어도 된다.

② 이제 바닥에 두 개의 파일, 손에 한 개의 파일이 있게 되고 관중은 세개의 파일 중 한 가지를 선택하도록 한다.

③ 관중이 바닥에 있는 파일을 선택했다면 그 파일의 Top 카드를 관중에게 보이고 그 파일위에 손에 있는 파일을 올려놓는다.

④ 마법사는 under and down 셔플을 마지막 까지 하고 나면 ③에서 관중이 확인한 카드가 남게 된다.

⑤ ②에서 관중이 손에 남은 카드를 선택했다면 손에 있는 파일의 맨 밑에 있는 카드를 확인한다.

⑥ 마법사가 바닥의 한쪽 파일에 손에 있는 파일을 올려놓고 down and under 셔플을 하되 바닥에 놓이는 카드를 버리는 과정을 마지막 까지 하고 나면 ⑤에서 관중이 확인한 카드가 남게 된다.

8장에서 시작하여 3세장씩 같아질 때 멈추었다. n=5가 된다.

관중이 테이블을 선택하면 나머지파일을 위에 놓고 언더 다운을 한다 5=8−3 bottom에서 3번째 카드가 남는다.

관중이 손을 선택하면 다운 언더를 하게 되고 bottom에서 3+1번째 카드가 남게된다. 각각 확인한 카드가 마지막 까지 남게된다.

087

미러키 셔플응용 1

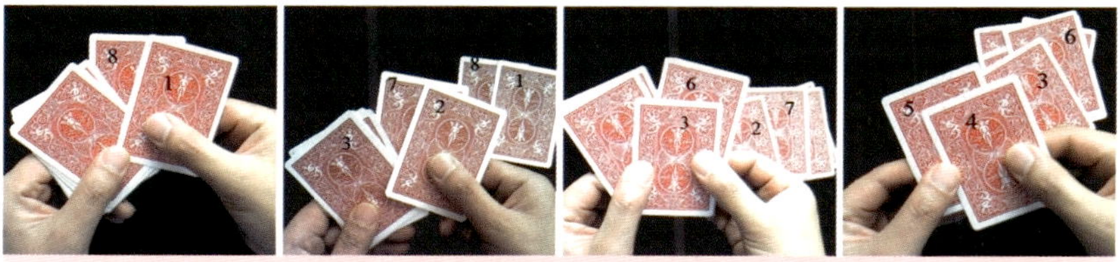

밀크셔플방법

① 1~n, 1~n 모두 2n 카드를 숫자 순서대로 배열하고 임의의 컷을 한다.

② 관중은 절반이하의 카드더미를 마법사에게 주고 관중은 손에 있는 카드더미가 남겨진 마법사의 카더더미 이하가 될때 까지 미러키 컷을 한후 손에 남아있는 카드더미를 미러키 컷된 카드더미위에 놓는다.

③ 마법사는 마법사 카드파일의 마지막 장으로 관중파일의 top부터 마법사카드 장수째 카드를 알수 있다.

④ ②에서 미러키 후 관중 손에 남은 카드더미의 수가 마법사의 카드더미 수와 같을때는 ③에서 놓은 모든 카드 숫자가 일치한다.

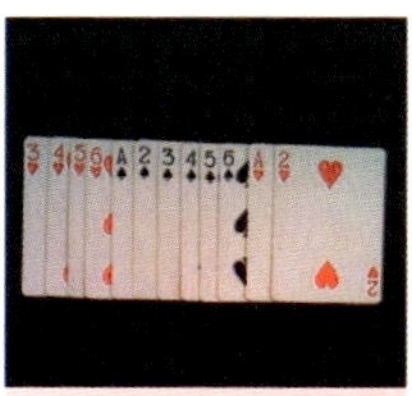

1~6, 1~6 배열된 파일이 임의대로 컷된 상태

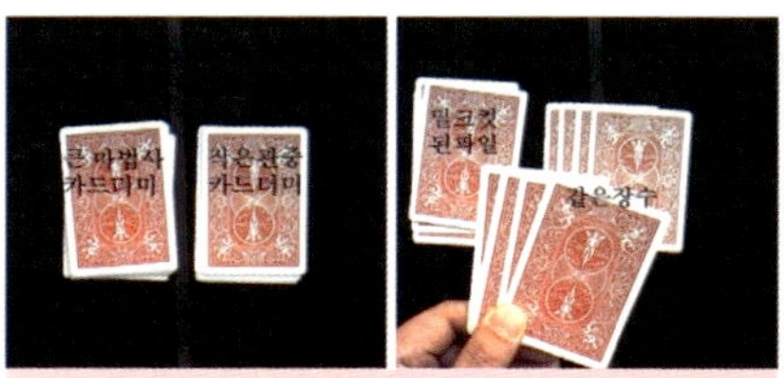

남은 카드와 미러키 컷후 남은카드장수가 같은 경우

남은카드와 같은 배열이 된다.

088

미러키 셔플응용 2

① 한 벌의 카드에서 무작위로 같은크기 두 개의 카드더미(A, B)를 만들면 관중에게 멈추라고하면 끝낸다.

② 관중은 파일(B)에서 임의의 카드하나를 고르고 기억한후 파일의 Top에 위치시킨다.

③ 마법사는 카드더미(A)에서 얼마큼의 카드더미를 B위에 놓는다.

④ 마법사는 B에서 밀크셔플(Top,Bottom에서 한 장씩 두장을 테이블에 놓는 과정을 계속한다)을 끝까지 한다.

⑤ 관중은 A, 마법사는 B에서 한 장씩 테이블위에 놓는다.

⑥ 관중이 A에서 마지막에 카드를 놓을 때 마법사의 대응되는 카드는 관중이 기억한 카드가 된다.

A　　　B
같은 장수의 카드파일

B 파일의 Top에 관중이 정한 카드를 놓는다.

A에서 임의장만큼의 카드 더미를 놓는다.

B 파일을 미러키 컷후 남은 A파일과 B파일에서 한 장씩 놓을때 A파일의 마지막에서 두 번째 장과 B파일의 관중의 카드가 일치한다.

원리

X장	관중의 카드C	A에서 Y만큼 B에 놓을때	Y장 미러키 셔플후	전체 미러키 셔플후
B파일	C, X−1	Y, C, X−1	C, X−Y−1, 2Y	B파일의 Top은 A(X−Y) 파일의 bottom에서 두 번째 장이 된다.
A파일	X	X−Y	X−Y	

먼지(monge)셔플

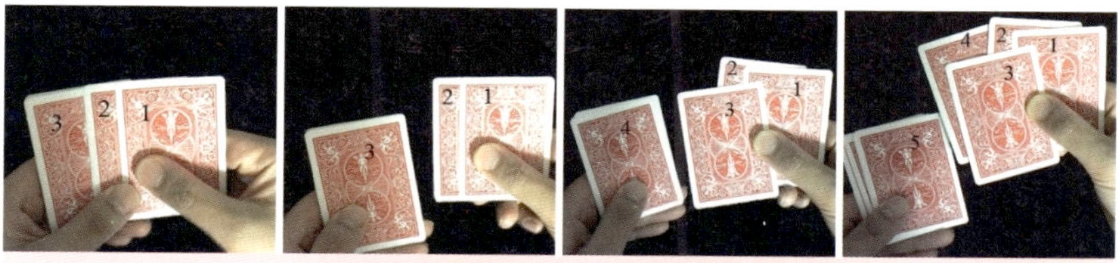

다운먼지(down monge)셔플

089

대칭보존 마법

① 마법사는 H는 1~6까지 S는 6~1순서대로 12장의 카드숫자가 대칭이 되도록 배열한다.

② 관중은 12의 약수 1,2,3,4,6 중 한 숫자를 선택하고 마법사는 그 숫자만큼 파일을 차례대로 만든다.

③ 왼쪽이든 오른쪽이든 파일을 합쳐 하나로 만든다.

⑤ 이 과정은 몇 번해도 괜찮다.

⑥ monge shuffle을 한다.

⑦ 마법사가 카드를 위에서 한 장씩 bottom에 위치할 때 관중은 멈추게 하고이때 Top에 있는 카드를 가져간다.

⑧ down and under shuffle을 하는데, 1장이 남을 때까지 한다.

⑨ 마법사는 남은 한 장의 카드로 관중이⑦에서 가져간 카드를 알수 있다.

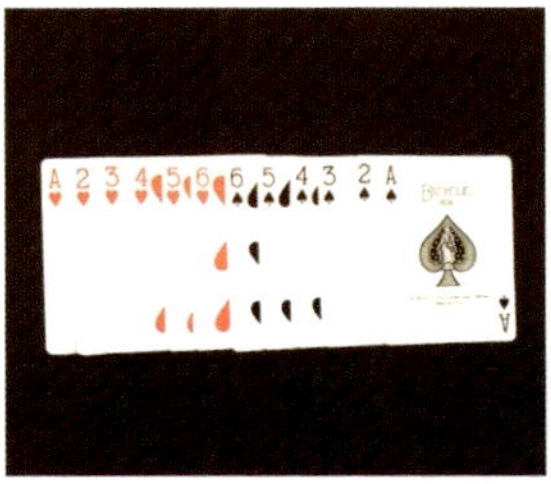

대칭이 되도록 구성된 파일

대칭이 유지되는 셔플

먼지셔플후 관중의 카드(6♠)

관중의 카드를 제외한 카드더미에 down and under 셔플을 하고 남은 마지막 카드와 관중의 카드(대칭카드)의 숫자가 같아진다.

원리

① 처음 12개의 카드가 대칭이 되도록 카드를 구성한다.

② 파일을 나누어 합치는 것과 reverse shuffle은 카드의 대칭을 보존한다.
(카드 갯수가 짝수인 경우 위에서 n번째 카드가 위에서 p번째로 옮겨질 때 밑에서 n번째 카드가 밑에서 p번째 위치로 옮겨진다.)

③ 카드장수가 12장인 파일에서 monge shuffle은 서로 대칭인 카드를 6만큼 이동시키면서 순서를 보존한다.

④ 한 장의 카드를 테이블에 놓으면서 11개의 카드가 되고 고른 한 장의 카드와 대칭인 카드는 파일의 6번째에 위치시키게 된다.

⑤ down and under shuffle은 11장의 카드 중에서 top에서부터 6번째 카드를 남기게된다.
11=16-5, 5+1=6

카드의 개수는 4, 12, 44, 172 개가 가능한다. 여기서 k번째 항은 2^{k-1}을 앞항에 더함으로써 얻어진다.

서로 대칭되게 한글과 그에 해당되는 영어를 배열하여 영어단어 학습하는데 이용할 수 있다.

셔플을 정리하면 다음과 같다

처음배열 12345678	faro in shuffle	faro out shuffle	reverse out faro shuffle	reverse in faro shuffle	reverse in faro shuffle	down monge shuffle	milk shuffle
	리플셔플						
0	12345678	12345678	12345678	12345678	12345678	12345678	12345678
1	51627384	15263748	13572468	24681357	24681357	75312468	45362718
2	75318642	13572468	15263748	48372615	48372615	62375148	62375148
3	87654321	12345678	12345678	87654321	87654321	45362718	75312468
4	48372615			75318642	75318642	12345678	12345678
5	24681357			51627384	51627384		
6	12345678			12345678	12345678		
역관계	reverse in shuffle	reverse out shuffle	faro out shuffle	faro in shuffle	faro in shuffle	milk shuffle	down monge shuffle
대칭 보존	o	o	o	o	o	x	x

090

연결된 수학트릭 1

몇가지 트릭은 서로 연결됨으로써 흥미와 효과가 배가 되게한다.

① 삼목게임으로 마방진 만들기(삼목게임을 모르는 관중은101번째 마법 참조)

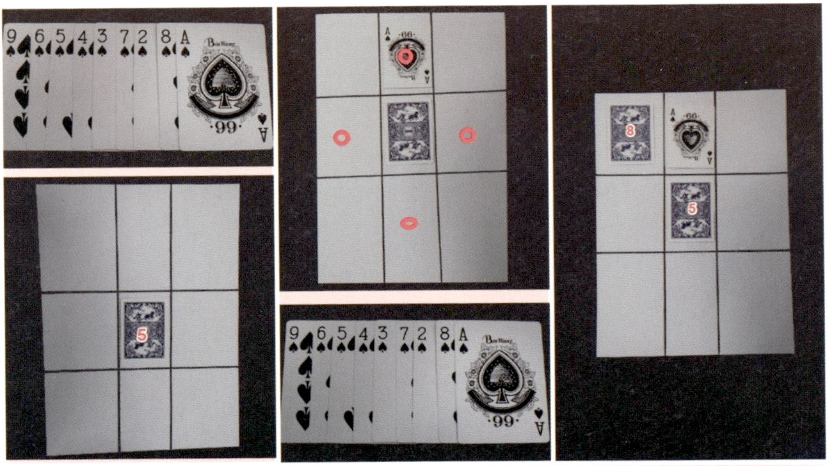

카드를 뒷면으로 Top부터 1,8,2,7,3,4,5,6,9 순 또는 앞면으로 top부터 1,8,2,7,3,4,5,6,9 으로 놓아 준비한다(이기는 자신의 전략에 따라 수정가능하다) 삼목게임을 하자고 하면서 마법사는 가운데에 5를 뒷면(X)으로 놓고 관중에게 어느곳에 말을 놓을지 물어본다.관중이 사이드에 말을 놓는다고 하면 그대로 (1,8,2,7,3,4,6,9)순으로 파일을 놓고 관중은 사이드 한곳에 1을 놓게 될 것이다.

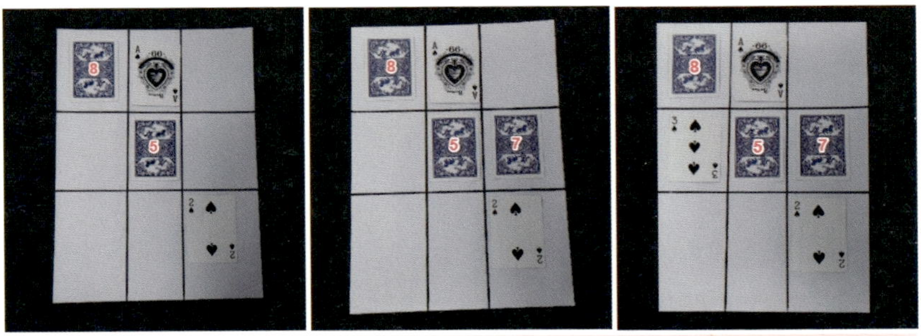

마법사는 코너에 말은 놓아 가면서 공격하면 관중은 어쩔수 없이 방어하게 된다.

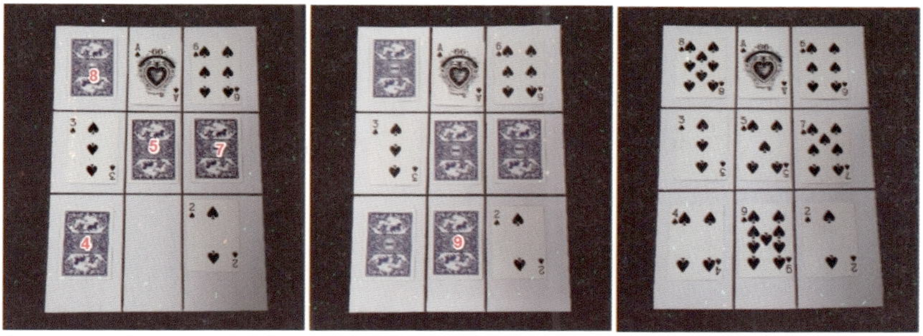

게임은 비기는 결과가 되지만 1~9까지 3차마방진 이라는 놀라운 결과가 된다.

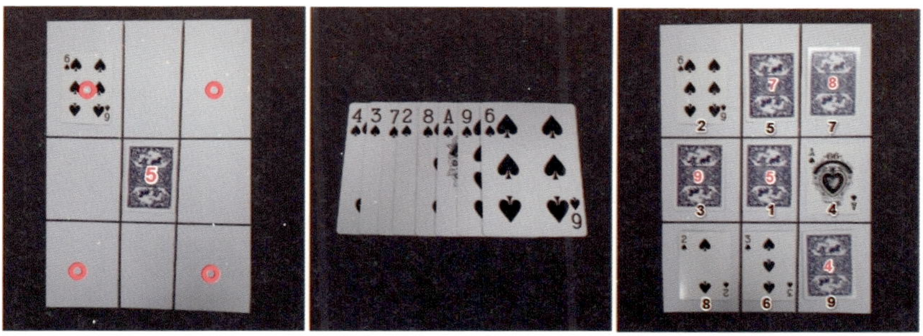

관중이 코너에 말을 놓는다고 하면 (6,9)를 Top에위치하여 (6,9,1,8,2,7,3,4)순으로 파일을 놓고 마법사는 사이드에 말은 놓아가며 비기는 전략을 사용하지만 앞선결과와 같이 마방진이 만들어진다. (검정숫자는 말은 놓게 되는 순서이다)

여기서 끝이 아니고 위의 결과를 이용하여 다음의 트릭복습이 가능하다.

8	1	6
3	5	7
4	9	2

② 마법사는 미리 예견된 1665라는 수를 적어 둔다. 마방진에 쓰인카드를 행 또는 열별로 모아둔다. 예 (8,1,6) (3,5,7) (4,9,2) 이제 마법사는 관중에게 각 행들의 모임에서 순서대로 숫자 하나씩을 선택하여 3자리수를 만들게 한 후 더하게 한다. 예 634, 179, 852 그결과는 마법사가 예견한 1665가 된다.

③ 1~9장의 카드를 앞면으로 하고 한 장씩 번갈아 가며 카드를 가져가는데 15를 먼저 만드는 사람이 이기는 게임을 하자고 한다. 마법사는 위 마방진 표를 가지고 최소한 지는 게임은 피할 수 있다.

1+1=11인 융합의 힘을 볼수 있다.

위상(위치와 상태)트릭

수학에서는 자르고, 붙이는 과정없이 매끄럽게 변형하여 같은 연결상태가 되는 상태나 위치를 위상동형이라 한다. 변,각 수치등 딱딱한 기준으로 사물을 모델링하는 것의 대안으로 연결상태에 따라 사물을 구분하고 특징 지움에 따라 복잡해 보이는 도형, 상황, 문제를 단순화 시켜 난제를 창의적이고 다른 방법에서 접근하고 해결할수 있는 도구를 제공해 주는데 예로 프앙카레의 추측으로 알려진 우주의 모양을 가늠할 수 있는 질문 즉, 밧줄을 걸어 회수할수 있는 4차원공간의 표면은 4차원구의 표면일 것이라는 추측에 대한 증명도 이에 포함된다.

매듭

위상트릭중 매듭은 연속적인 변형을 통하여 변하지 않는 성질을 연구하는 기준으로 매듭의 수, 거울대칭, 3색구분 가능, 대수식으로 표현하는 기본적인 속성에 따른 분류기준이 있다. 몇가지 기본적인 매듭을 위 기준에 따라 분류해 보면서 각 매듭에 대한 트릭을 함께하여 매듭의 속성과 이해를 더해보자.

① 매듭의수 기준: 줄의 위와 아래가 교차되는 숫자

② 거울대칭 : 거울에 비추었을 때 모양이 같아지는 매듭으로 세입매듭(trefoil-knot)은 왼쪽이 아래로 또는 오른쪽이 아래로 교차되는 두가지가 있는데 어떤 변형을 시도하여도 서로 같아질수 없어 거울대칭이 아니다. 하지만 팔자모양(eight-figure)매듭은 연속적인 변형(Reidemeister)을 통하여 왼쪽이 오른쪽으로 오른쪽이 왼쪽으로 교차되는 거울대칭상을 만들 수 있다.

오른쪽세입　　왼쪽세잎　　오른쪽8자　　왼쪽8자

왼쪽의 세입과 팔자매듭을 거울에 비치면 오른쪽의 세입과 팔자매듭이된다. 연속적인 변형을 통하여 거울상을 만들 수 있는지 살펴보게 한다.

세잎매듭은 서로 연속적인 변형으로 방향을 바꿀수 없다.

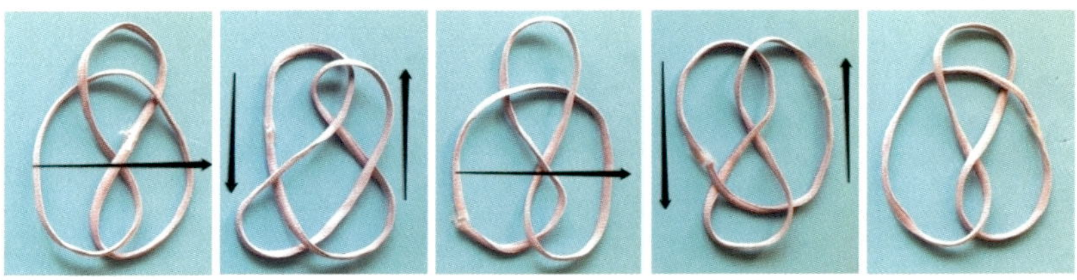

8자 매듭은 줄 한쪽을 넘긴후 시계반대방향으로 180˚도 회전시키면 거울상이 된다.

③ 삼색구분하기(tricolorability) : 줄이 아래로 교차될 때 마다 다른색을 사용하여 구분할 때 모든 매듭에서 서로 다른 세가지의 색으로 구분할수 있는 매듭으로 세입매듭이 이에 해당된다. 세입매듭의 합성으로 만들어진 square-knot이 이에 해당된다.

교착점의 아래에서 색을 바꾼다고 할 때 8자 매듭은 1가지 또는 3가지 색만으로 구분할수 없다. 따라서 8자매듭은 삼색구분가능하지 않다.

④ 소수매듭, 합성매듭: 고유한 한가지의 매듭만으로 만들어진 매듭을 소수매듭이라 하며, 소수매듭이 두 개이상 합성되어 만들어지는 매듭을 합성매듭이라 한다.

⑤ 매듭의 대수식 : 각 매듭은 대수식으로 표현가능하지만 아직은 불완전한 것으로 대수식이 다르면 매듭이 다르지만 대수식이 같다고 매듭이 같은 것은 아니다. 예로 square-knot과 granny-knot은 대수식이 같다.

매듭를 몇가지 분류기준에 따라 다음과 같이 요약할 수 있다.

모양					
교착점	0	3	4	6	6
이름	영매듭	세잎(오른쪽)	팔자매듭	스퀘어 매듭	그래니 매듭
대수식	0	x^2-x+1	x^2-3x+1	$(x^2-x+1)^2$	$(x^2-x+1)^2$
소수 또는 합성	소수	소수	소수	합성	합성
거울대칭		불가능	가능	가능	불가능
삼색구분가능		가능	불가능	가능	가능

세잎매듭 만드는 방법 및 특징

수학매듭중 가장 간단한 매듭으로 방향에 따라 두가지가 있다.

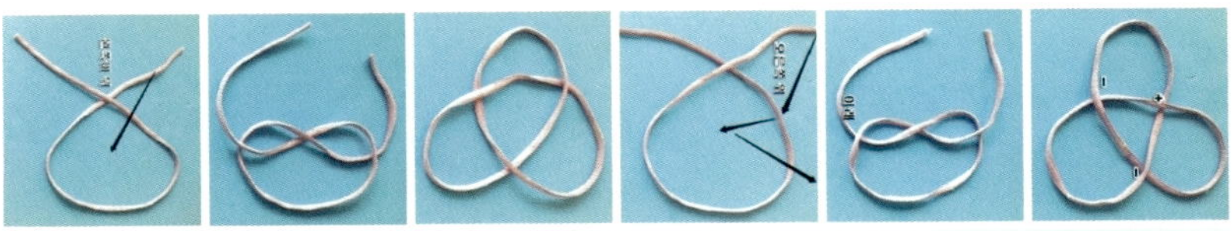

오른쪽세잎매듭: 교착점 왼쪽부터 아래, 위 아래

왼쪽세잎매듭:교착점 왼쪽부터 위, 아래, 위

8자 매듭 및 스퀘어 매듭 만드는 방법 및 특징

8자 매듭은 산악등반에 사용되는 매듭으로 세잎매듭을 한번 더꼬아 만든다.
스퀘어 매듭은 세잎매듭을 두 개 이어 연결한 방향이 같은 것이며 그래니 매듭은 스퀘어 매듭과 같아보이지만 잘풀리며 세잎매듭의 방향이 다르다.

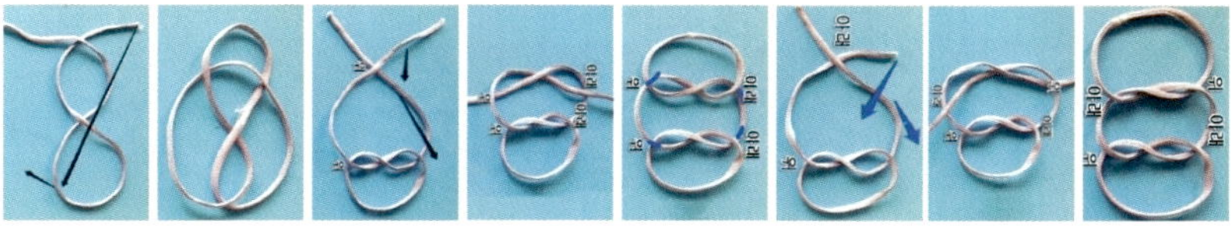

8자매듭 스퀘어 매듭 그래니 매듭

091

세잎매듭 트릭 1

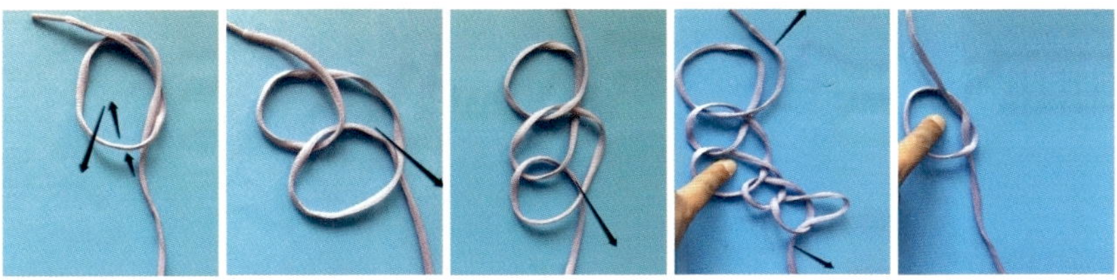

끈이 엉커 보이지만 마법사의 손에 위치한 곳에서만 세잎매듭이 만들어진다

092

세잎매듭 트릭 2

영매듭으로 세잎매듭을 만들 수 있는가? 수학적으로 불가능 하므로 속임수가 필요하다.

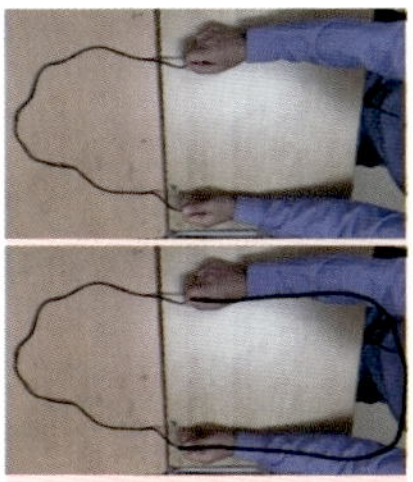

보이는 것과 같이 교착점이 없는 영매듭이다.

J거꾸로 상태에서

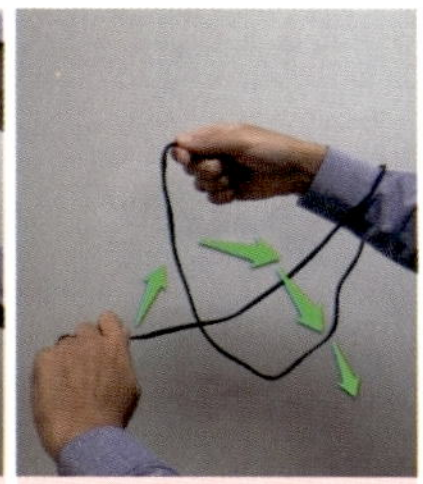

줄을 내려

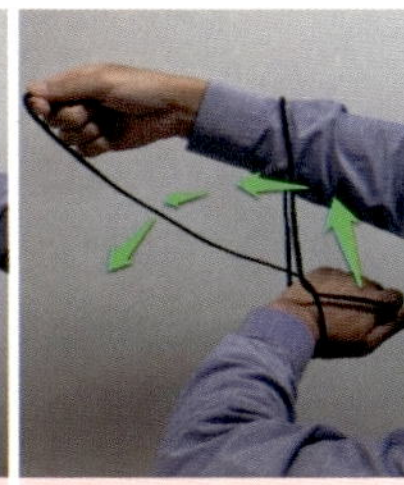

오른쪽 공간에 넣는다.

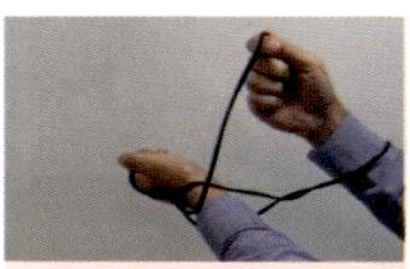

다시 왼쪽 공간에 넣으면 수갑모양이 된다.

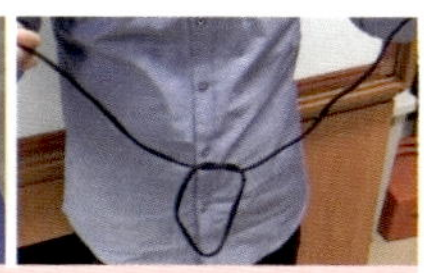

마법사가 수갑에서 손을 빼내면 세잎매듭이 만들어 진다.

관중은 똑같이 따라해도 항상 영매듭만 만들어진다.

원리

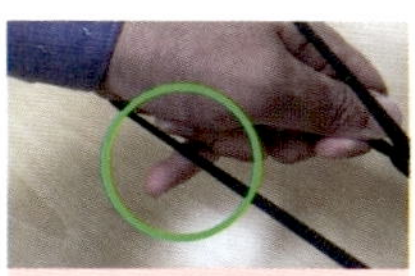

새끼손가락으로 줄을 잡고(꼬인 줄을 연결시키고)

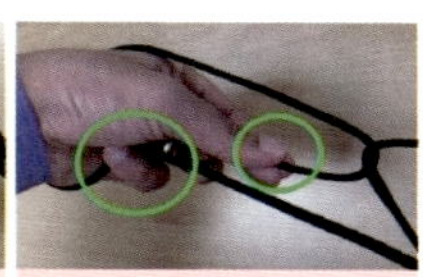

줄을 잡아던 엄지검지에서 줄을 놓는다. (줄을 자른다.)

즉 영매듭의 줄을자르고 한번꼬아 다시 줄을 잡는 과정이 있어야 수학적으로 다른 매듭이 만들어 진다.

093

세잎 및 8자매듭 트릭 2

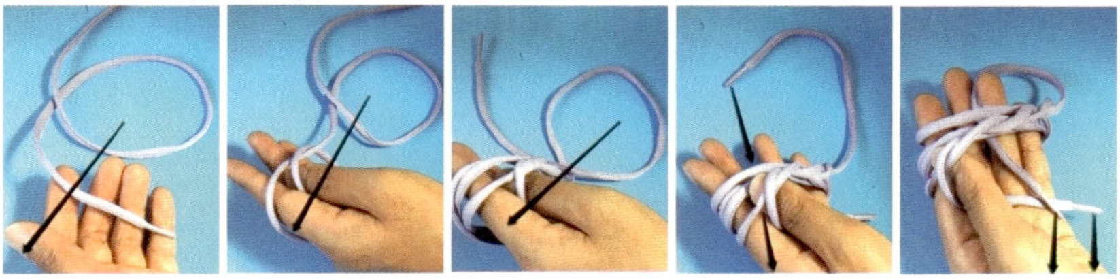

여러개의 세잎매듭을 만들 수 있다.

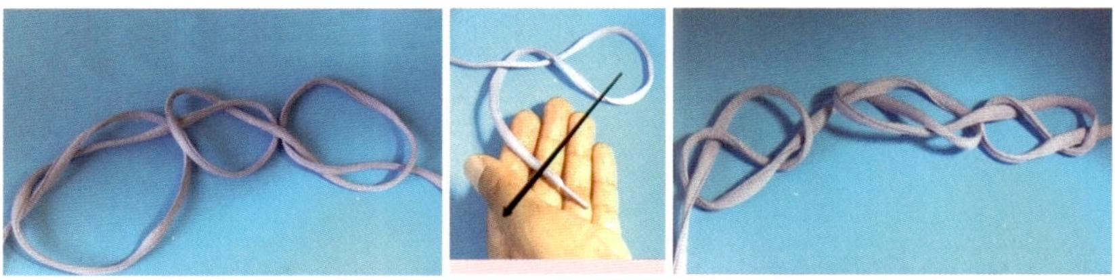

세잎과 8자매듭의 생성원리를 이용하여 세입에서 한번만 더 꼬아 8자 매듭을 만들 수 있다.

094

스퀘어 매듭 트릭 1

매듭의 꼬임을 눈으로 확인할수 있는가? 불가능하기 때문에 매듭본연의 속성이 있고 이를 분류하는 기준이 추상화 되어 수학화 된 것이다.

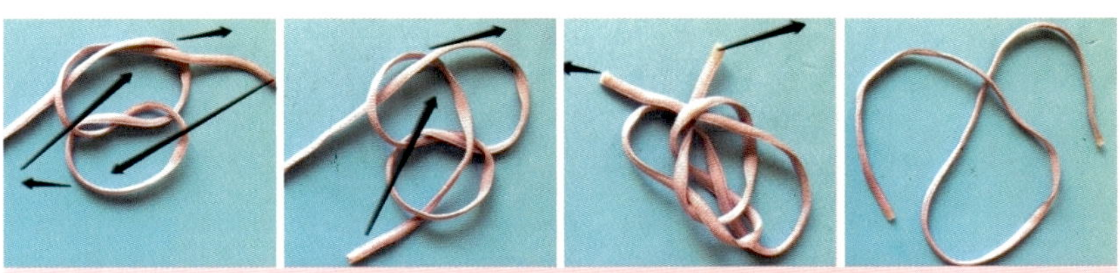

많이 엉킨 스퀘어 매듭을 더꼬면 더 많이 엉킬 것 같지만 매듭이 없는 영매듭이 된다.

줄과 링

관중은 줄과링(토러스)의 연결상태(위상)의 차이에 주목하게 하여 트릭이 성립되는 이유를 묻고 답하는 스토리가 전개되는 가운데 트릭이주는 신기함과 재미에 더하여 트릭이 성공하게되는 원리를 위상적으로 접근하여 현대수학의 묘미를 느끼는 트릭이 된다.

095

가능 불가능 1

엄지 손가락 사이의 두줄에 링이 들어가 있다①. 유한번의 조작을 통하여 링을 줄 밖으로 빼내어③의 위상을 만들 수 있는가?

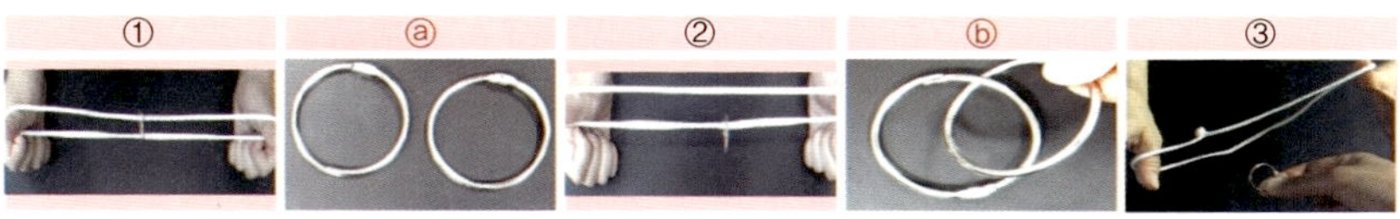

우리는 먼저 ①의 위상에서 유한번의 조작으로 ③의 위상을 만들어 가능함을 보인후 그 이유를 묻는다. 다음②의 위상이 ③의 위상이 될수 있는지 물어보고 위상①,②와 같은 위상을 위상ⓐ,ⓑ 중에서 찾게 한다. 참여자는 쉽게 위상의 차이가 트릭의 핵심임을 알게 된다.

※ 주의 트릭이 성립되는 과정보다 트릭이 성립될수 있는 가능한 위상과 불가능한 위상의 차이점에 주목하도록 한다.

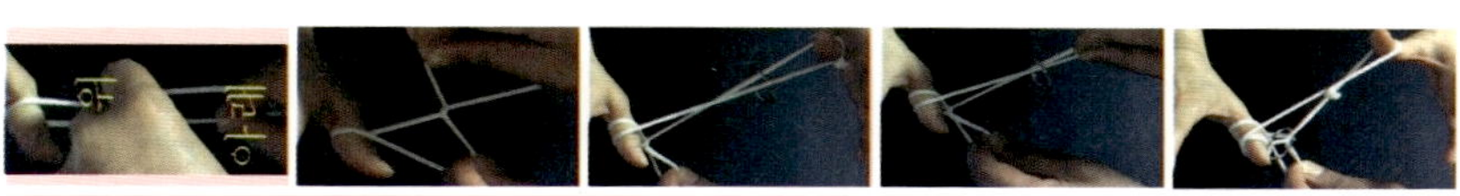

링의 앞쪽에서 위의 줄은 위로 아래는 아래로 잡아당겨 위의 줄을엄지손가락에 건다. 아래줄은 계속 잡고 있는다.

링의 뒤쪽에서 아래줄을 다시 엄지 손가락에 건다.

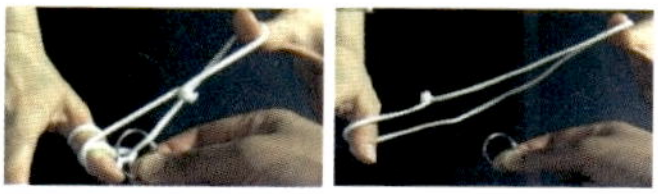

링을 잡아당기면서 잡고있던 아래줄을 놓는다.

096

가능 불가능 2

마법사와 관중은 양손목에 줄을엉커묶어 ④⑤와 같은 위상ⓑ를 만들었음을 확인한다.

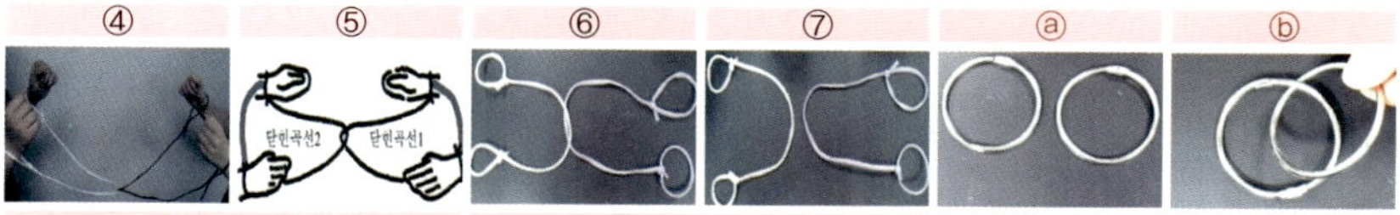

ⓑ와 같은 위상임을 설득한다. 사실은 다른 위상이다.

우리는 높은 차원에서는 쉽게 일어나는 일이 낮은 차원에서는 이해하기 힘든 상황이 될 수있음을 설명하고 3차원에서는 ⓑ의 위상이 링을 자르는 일없이ⓐ위상이 될 수없음을 확인한다.

우리는 이제 유한번의 조작으로 4차원 공간을 만들어 ⓑ에서 ⓐ의 위상을 만드는데 성공한다.

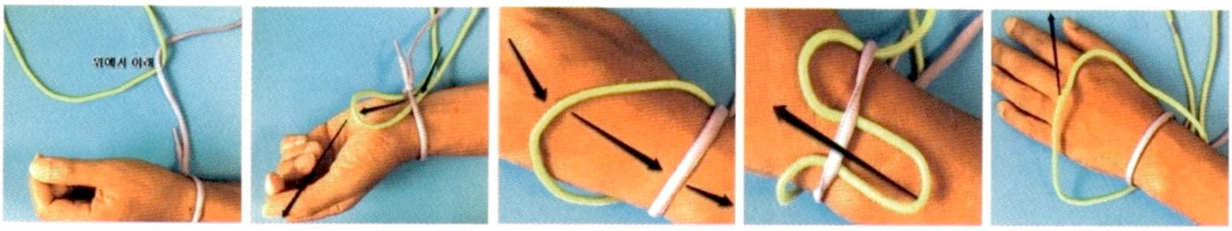

상대방의 줄을 잡아 손목안으로 통과시킨후 다시 손등안으로 줄을 넣어 밖으로 빼낸다.

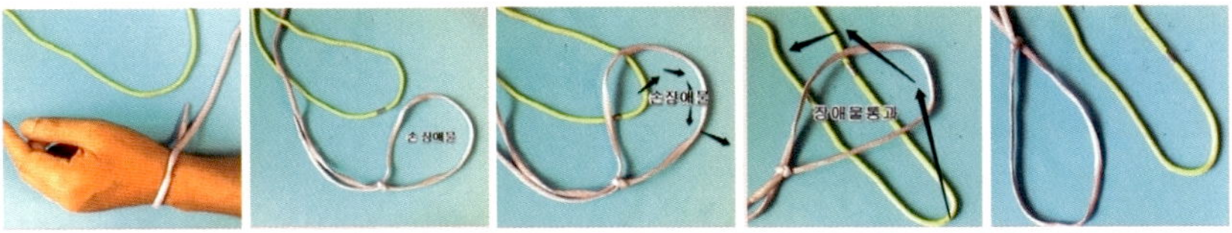

원리 단순히 손이라는 장애물만 통과 시키면 엉킨줄은 풀린다.

체험학생에게 3차원 공간에서 4차원공간을 만드는 것은 불가능함을 인지시키고 ④위상이 ⓑ와 같지 않음을 보이기 위하여 ④위상이ⓑ임을 가정하게 되면 4차원공간을 만들 수 없다는 기존사실에 어긋남을 보여 ④위상이ⓑ와 같지 않음을 보인다(귀류법 증명).

우리는 처음부터 ④의 위상은 ⑥과같았고 쉽게 ⑦이됨을 설명하여 연결 상태가 같은 위상처럼 보이지만 전혀 다른 위상일수 있음을 보인다.

097

가능 불가능 3

마법사는 줄에 링을 끼운체 스퀘어 매듭을 만들어 이것이 위상 ⓐ,ⓑ,ⓒ 중 같은 위상을 찾게 한다.

⑧ ⓐ ⓑ ⓐ

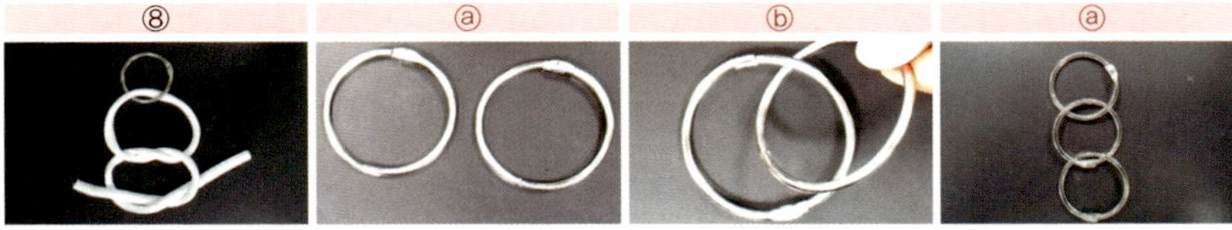

마법사는 아래의 방법으로 ⑧의 위상이 ⓐ와 같음을 보인다 우리는 링과 매듭은 그대로 보존한채 링을 줄에서 분리하여⑨인 ⓐ위상을 만든다. 연결 상태가 다른 위상처럼 보이지만 같은 위상이 될수 있음을 설명한다.

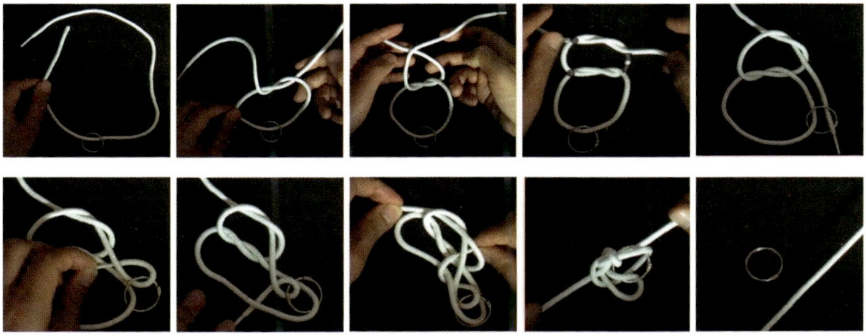

098

가능 불가능 4(가위트릭)

다음 그림 위상처럼 줄에 매인 가위를 줄을 풀거나 끊지 않고 줄과 가위를 분리할수 있을까?

못에 묶인 가위를 유한번의 조작을 통하여 빼낼수 있을까 ?

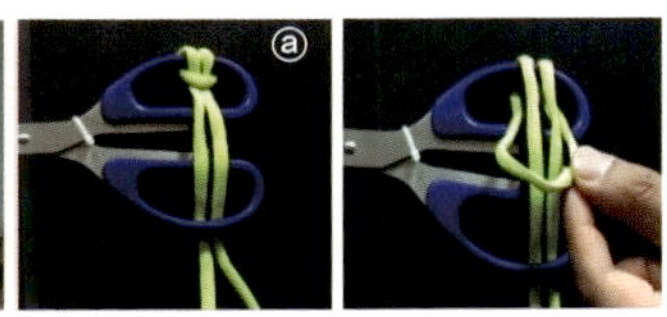

매듭의 윗부분을 잡아당긴다.

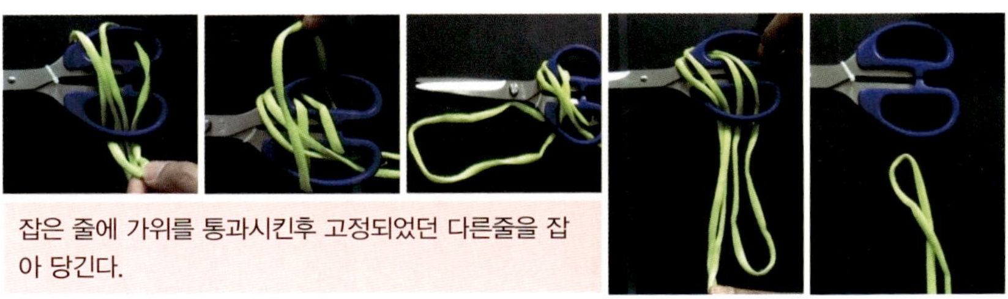

잡은 줄에 가위를 통과시킨후 고정되었던 다른줄을 잡아 당긴다.

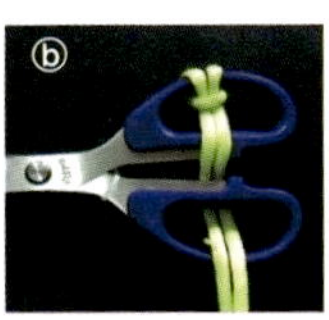

관중에게 위의 설명을 한후 옆과 같은 위상을 만든후 줄에서 가위를 빼내 보라고 한다. 조금의 위상차이가 가능과 불가능을 결정한다.

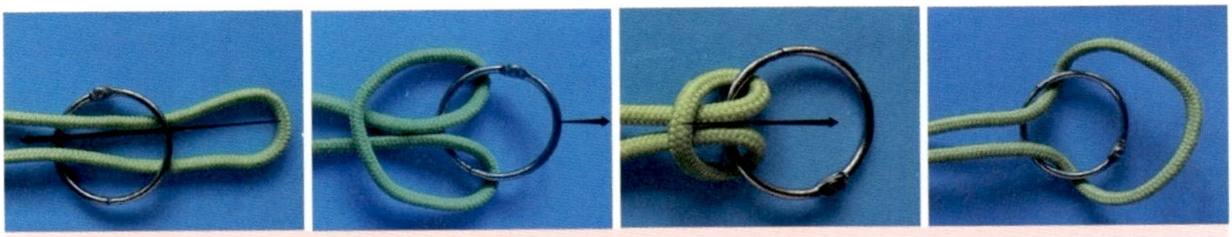

위험한 물건으로부터 아이들을 보호하면서 쉽게 풀고 묶을수 있다.

099

가능 불가능 5(세잎하트 트릭)

손목에 줄이 감긴 상태(영매듭) 에서 세잎매듭을 만들 수 있는가?

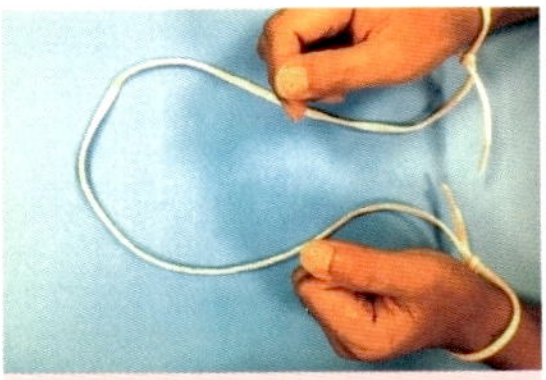

영매듭

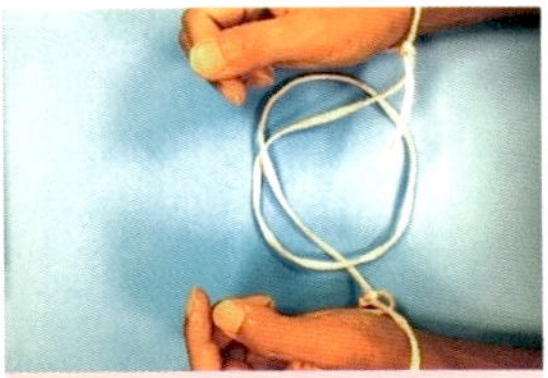

세잎매듭

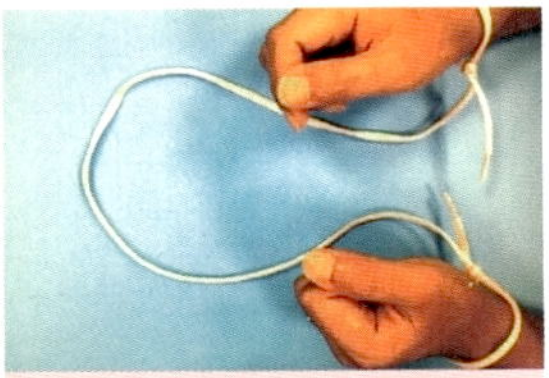

다시 영매듭으로

100

Tick Tact Toe(삼목게임)

평범하고 간단해 보이는 삼목게임을 논리적으로 분해하여 학습의 장으로 유도할수 있다.

O_1	X_6	O_5
X_2	O_7	
O_3		X_4

7수만에 먼저 시작한 O가 이기게 된다.

삼목게임 방법: 9개의 사각형 판에 상대방과 번갈아 말을 놓되 연속된 3개의 자신의 말을 놓는 사람이 승자가 된다.

전략 세 개가 두 개가 될수 있도록 위협해라.

		O
O	X	
X		

	O	
O	X	X

	O	
O		X
	X	

X 가 먼저 시작했다고 가정했을 때 위에서 X가 반드시 이기는 수를 두면?

		O
O	X	
X		X

	O	
O	X	X
		X

	O	
O		X
	X	X

X는 위와 같이 3개의 연속된 말이 두 개이상 될수 있도록 말을놓게 되면 이길수 있다.

X		코너
코너		코너
X가 코너 에서 공격하는 경우		

	X	
X가 중앙 에서 공격하는 경우		

	X	
사이드		사이드
	사이드	
X가 사이드 에서 공격하는 경우		

X 가 먼저 위그림과 같이 공격을 시작 한다고 할 때 o입장에서 최소한 지지 않는 수를 두면?

X				O		O		O	X	O
	O				X				O	
				O		O			O	
X가 코너 에서 공격하는 경우 O는 중앙을 방어한다.				X가 중앙 에서 공격하는 경우 O는 코너를 방어한다.				X가 사이드 에서 공격하는 경우 O의 방어전략		

X가 먼저 시작할 때 X의 위치에 따라 O가 위 그림대로 놓게 되면 적어도 O 입장에서 지지 않는 게임을 할수 있다. 먼저 시작하는 X 입장에서는 코너에 두면 이길 방법이 많다. 한발 또는 는 두발 먼저 생각하여 수를 생각하면 된다.

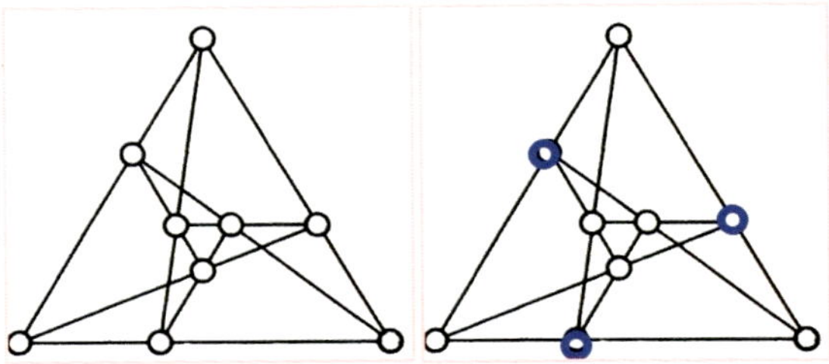

삼목게임의 변형으로 옆과같은 도형에서는 먼저 시작하는 사람이 파란색 동그라미를 먼저 선점하면 반드시 이기게 된다.

101

점과 박스(Dot and square)

상대방에게 땅을 조금 내어주더라도 이를 이용하여 전체게임을 이길수 있는 전략게임

게임방법

① 가위바위보를 실시하여 이기는 사람이 빨간색(첫번째하는 학생)이나 파란색(두번째하는학생)을 정한다.

② 빨간색이 먼저 수직이나 수평방향으로만 점을 연결하고 다음 파란색선을 같은방법으로 번갈아 연결한다.

③ 사각형을 만든사람이 만든사각형을 가지면서 선을 하나 더 긋는다. 땅을 더 많이 차지 하는 사람이 이긴다.

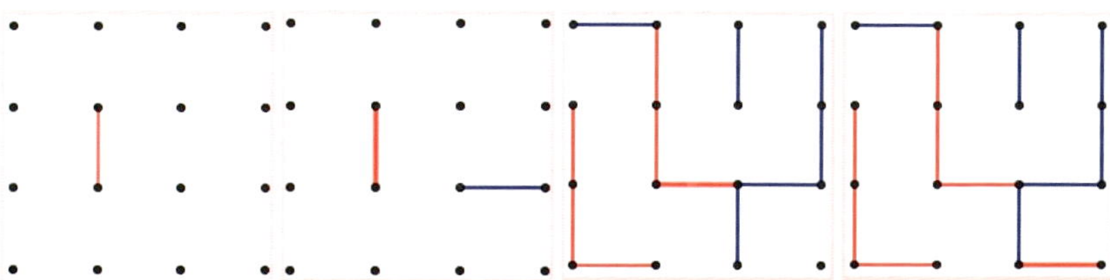

A가 먼저 두점을 수직또는 수평방향으로 연결하며, 다음 B가 연결한다.

A와 B가 교대로 수직,또는 수평선분을 긋는다.

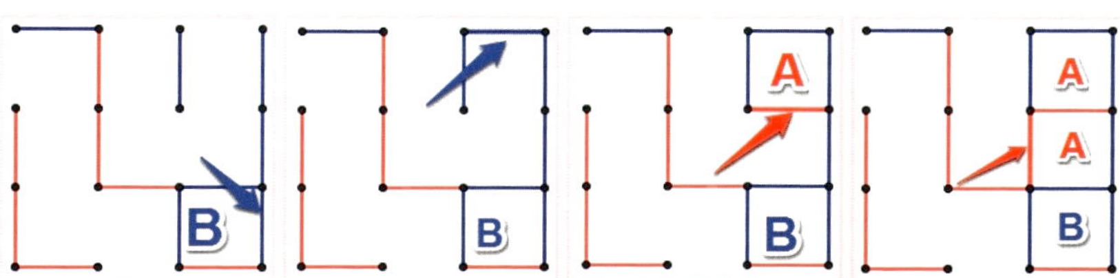

B가 사각형을 만들어 자기 땅을 차지한다.

B는 사각형을 만들었으므로 선하나를 더 추가한다.

A가 사각형을 만들고 땅을 차지한다.

A가 선을 하나 더 추가하여 땅을 추가한다.

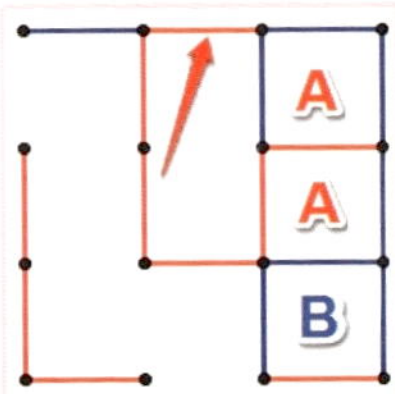

땅을 만들었으므로 선을 하나 추가한다.

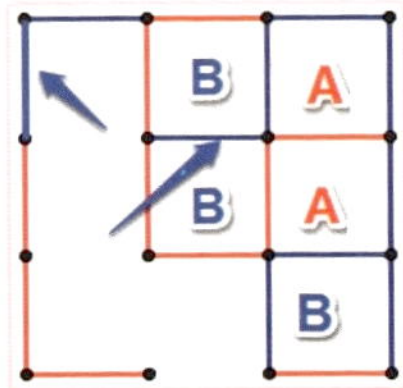

B가 선을 그어 땅 두 개를 얻고 선하나를 추가한다.

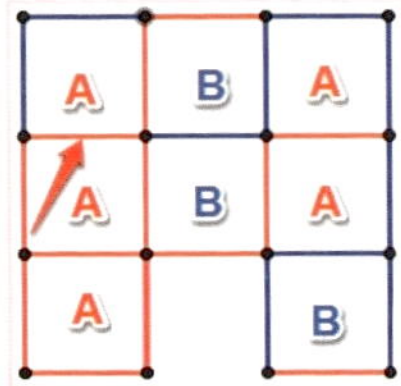

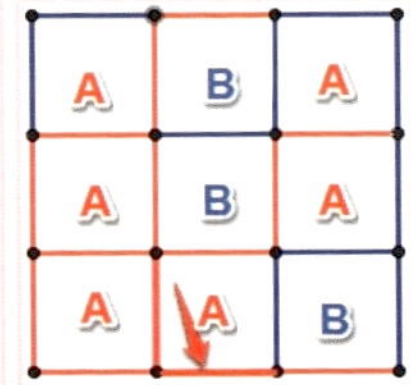

A가 땅을 얻으며 연속으로 선을 추가하여 땅을 연속적으로 얻으면서 6:3으로 승리한다.

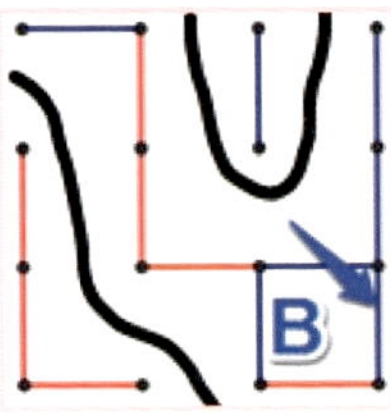

일반적인 행과 열에서의 게임에서 이기는 전략은 알려져 있지 않지만 위와 같은 4×4게임에서는 열린긴 터널(4개의땅)두개를만들어진 상태에서 선을 추가하여 땅을 만드는 사람이 지게 된다. 위게임에서 B는 긴 터널이 있는 상태에서 땅을 만들어 게임에서 지게 된다.

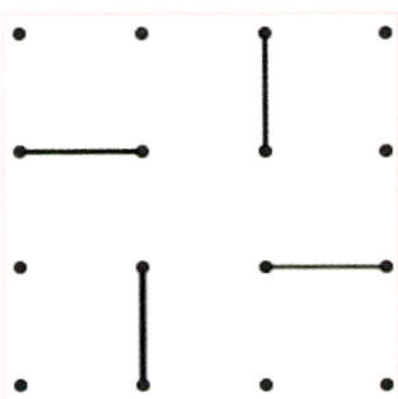

나중에 시작하는 사람이 이기는 전략을 생각할수 있는데 옆과 같이 먼저시작하는 사람이 두 개의 긴터널을 만들지 못하도록 중간 중간 끊으면서 땅을 확보하게 되면 이길수 있다.

102

친구 또는 친구아닌 관계맺기 게임

파티에 온 5섯명을 포함하여 초청자 까지 6명이 있을 때 그 중에는 적어도 3명의 서로아는 친구그룹 또는 3명의 서로모르는 친구가 아닌 그룹이 존재하게 된다는 수학내용을 이용하는 게임이다. $R(3, 3)=6$과 같은 것으로 두가지 색을 사용하여 반드기 한가지 색 삼각형이 만들어 지는 최소한의 점의개수는 6이라는 뜻이다.

게임방법

①가위바위보를 실시하여 이기는 사람이 빨간색(첫번째하는 학생)이나 파란색(두번째하는 학생)을 정하고 번갈아 가며 6점중 두 개의 서로다른 점에 선을 연결한다 ② 본인 색으로된 삼각형을 만드는 학생이 지게된다.

2^{15}=32,768의 관계속에 적어도 3명의 친구 혹은 모르는 관계가 존재하는가?

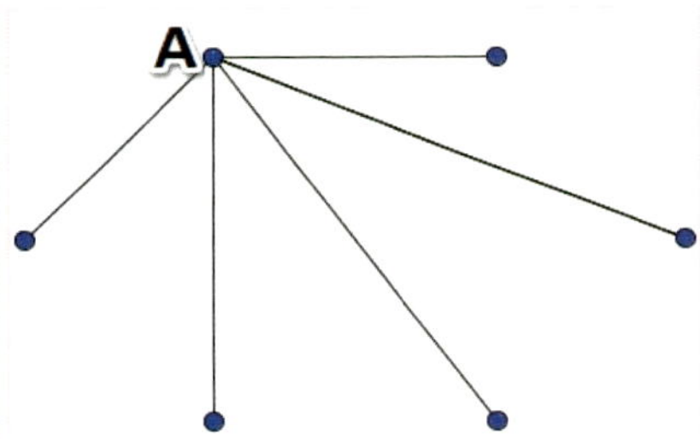

게임이 성립하게 되는 원리

A입장에서 5명중 적어도 3명의 친구나 3명의 모르는 관계가 존재한다.

관계						
친구	5	4	3	2	1	0
불청객	0	1	3	3	4	5

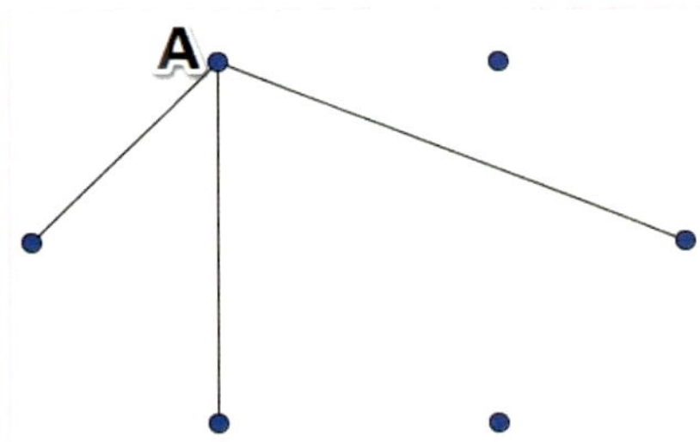

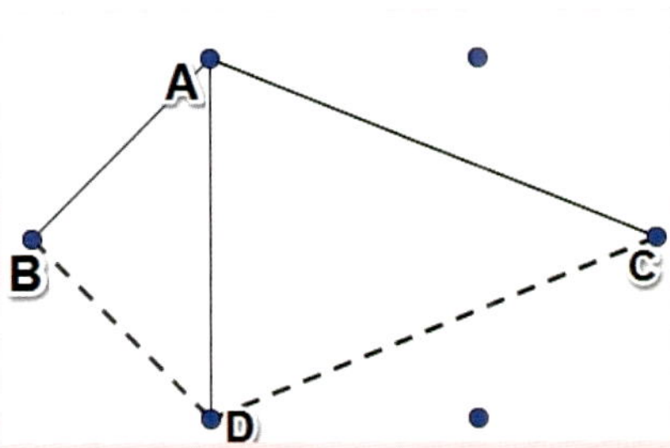

A가 B,C,D와 친구라 할 때 A,B,C,D 간에 서로친구인 3명의 그룹이 생기는 것을 막고자 서로 친구아닌 관계선을 잇게 되면

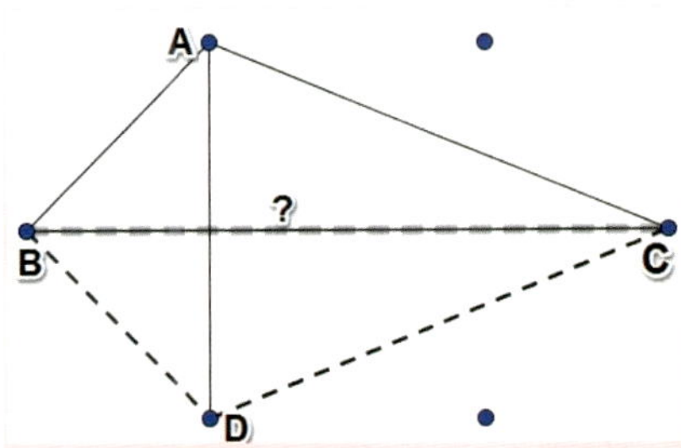

3명의 서로 모르는 친구가 아닌 그룹이 생기게 되고 이를 막는다면 서로 아는 그룹이 생겨 게임은 비기지 않고 15번 시행 안에 승부가 난다 .

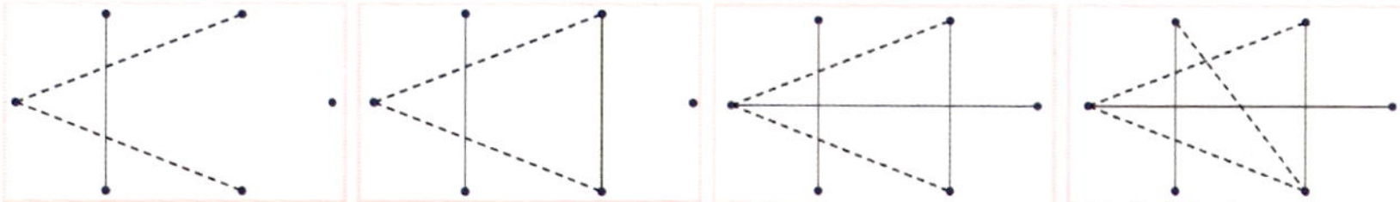

A(− −)가 먼저선을긋고 B(—)가 뒤이어 선을 교대로 긋는방법으로 게임이 진행된다.

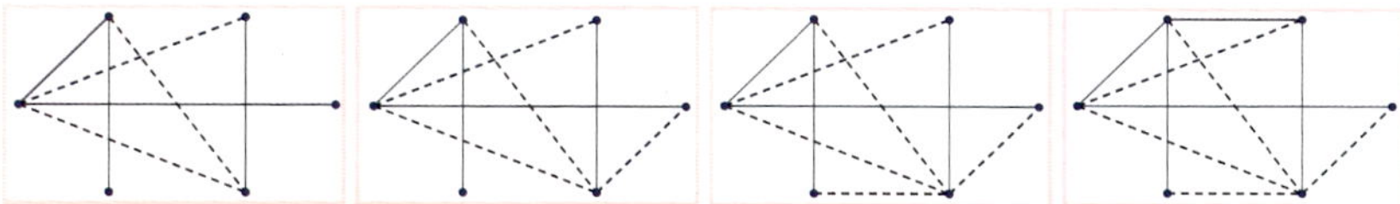

서로의 삼각형을 만들지 않으려고 노력한다.

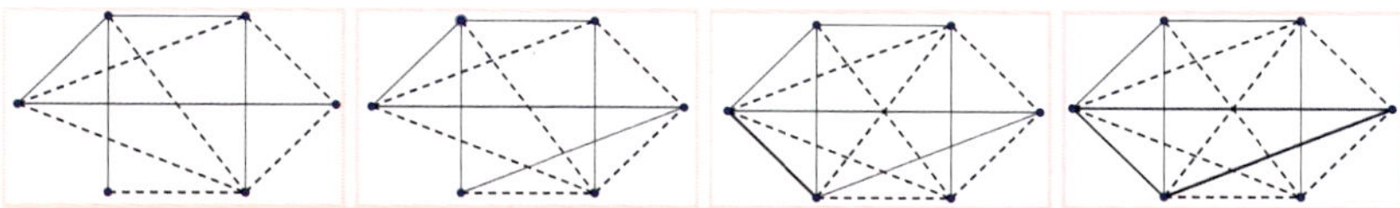

결국 B(—)가 본인의 삼각형을 만들게 되어 게임에서 지게 된다.

103

봉우리(sprout) 게임

수학 특성을 가진 게임으로 수학자 John Horton Conway 와 Michael S. Paterson에 의하여 Cambridge University에서 1960대에 만들어 진다.

게임방법

① 가위 바위보를 하여 먼저할지와 나중에 할지 또는 점의 개수(2~4)를 정한다 ②한번 시행할 때 점과점사이를 연결하고 연결된 변의 중간에 점을 하나 찍는다. 점들을 연결하는104변끼리는 서로 겹치지만 않으면 된다(평면그래프정의). ③점에 3개의 변이 연결되면 죽은점이 되어 죽은점에는 변을 연결할수 없다. ④ 더 이상 변을 연결할 수 없는 관중이 진다.

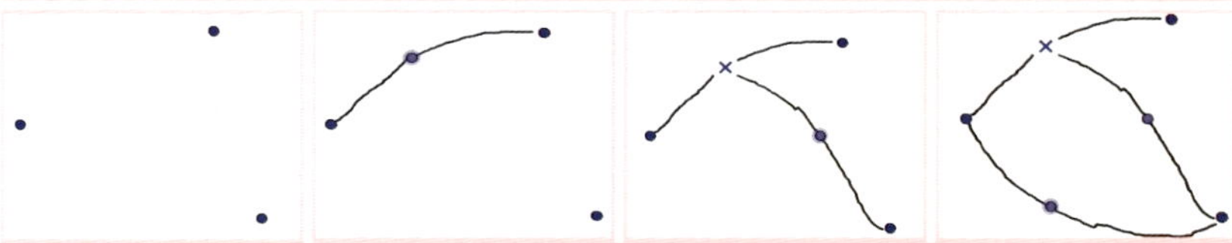

점 3개에서 시작한다고 할 때 A, B는 교대로 두점에 선분을 하나 잇고 그 선분에 점을 하나 추가 한다. 점에 3개의 선분이 모이게 되면 그 점은 죽은점이 되어 다른 선분을 연결할수 없다.

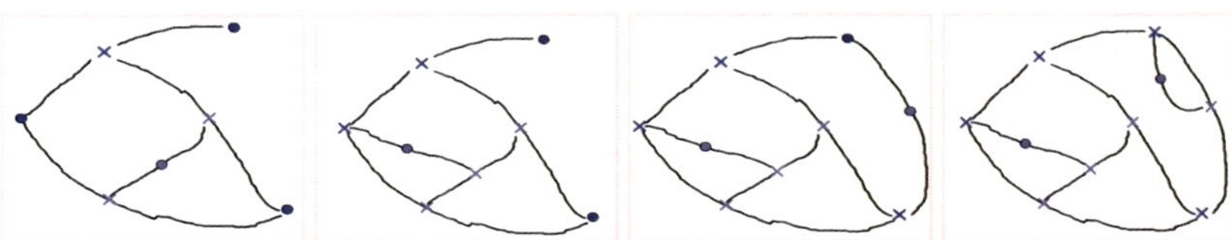

나중에 시작한 B가 더 이상 선을 연결할수 없어 게임은 끊나게 된다.

게임속 수학

N개의 점에 대하여 2N〈시행수〈3N－1이고 6섯개 점까지 먼저하는 것이 유리한지 불리한지가 증명되어 밝혀졌지만 일반적인 결과는 아직 증명되지 않은 수학적 난제중의 하나이다.

104

평면그래프 게임

평면 상에 그래프를 그렸을 때, 두 변이 꼭짓점 이외에 만나지 않도록 그릴 수 있는 그래프를 평면그래프라 한다.

봉우리 게임과 유사하지만 게임의 결과를 점의 갯수가 완벽하게 결정하기 때문에 봉우리 게임에 비하여 이 게임은 트릭에 가까워 진다.

게임방법

① 가위 바위보를 하여 먼저할지와 나중에 할지 또는 십자점의 개수(2~4)를 먼저 정한다.
② 한개의 십자점마다 4개의 변을 연결할수 있다. 변끼리는 서로 겹쳐 연결될수 없다. (평면그래프 정의)
③ 연결된 변의 중간에 2개의 변이 연결될수 있는 프리앤드 을 긋는다.
④ 더 이상의 변을 연결할수 없는 사람이 진다.

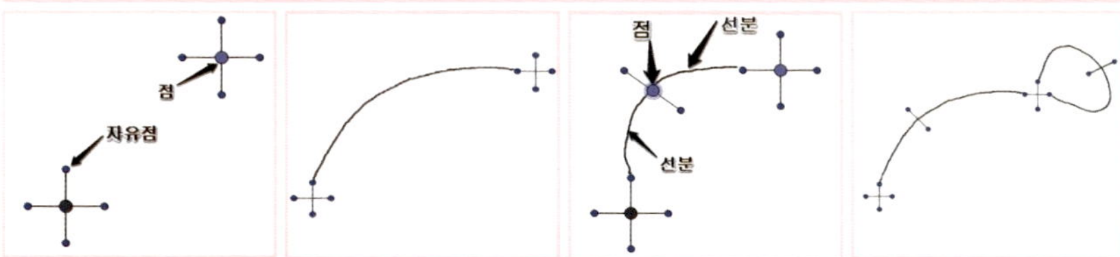

2개의 십자점에서 게임을 시작한다면 자유점 8개, 점2개에서 시작된다.

한번의 움직임에 2개의 선과 1개의 점이 생기고 두 개의 프리앤드가 죽고 두 개의 프리앤드가 생겨 프리앤드의 개수에는 변화가 없으며 게임이 끝나게 되면 살아있는 프리앤드 1개마다 1개의 면이 대응된다.

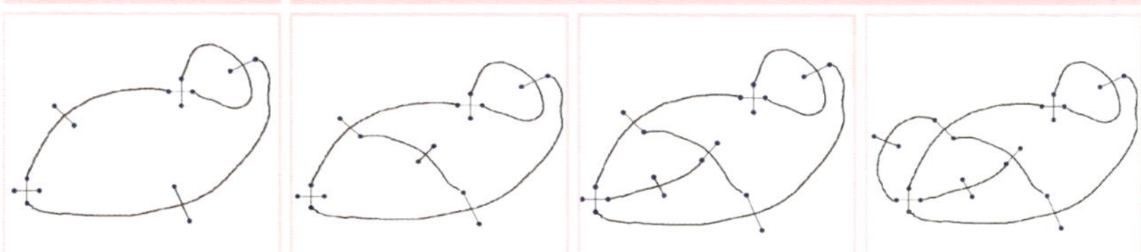

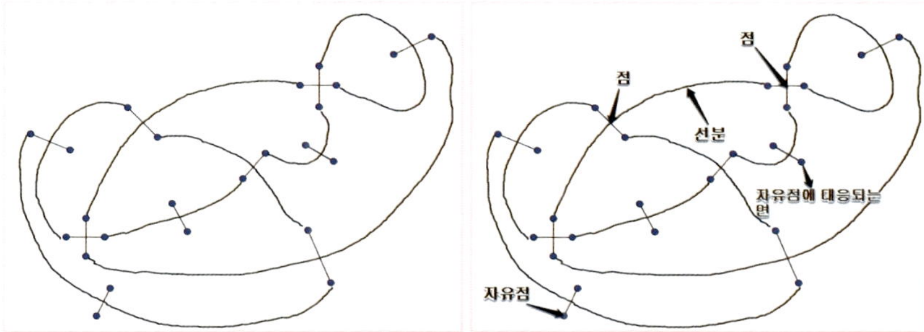

8번움직인 후 게임은 더 이상 할수 없게 되어 먼저시작한 사람이 지게된다. 8번 움직인후 점의 갯수=2+8, 선의개수=2×8=16, 면의갯수=8
일반화하여 N개의 십자점에서 시작하고 M번 움직인후
점의개수=N+M 선=2×M 면=4N이 된다.(1개의 십자에 4개의 자유점이 대응된다.)
위 게임의 결과는 평면그래프기 되며, 오일러 공식(점(V)−변(E)+면(F)=2)이 적용되어 질수 있어 점(N+M)−선(2M)+면(4N)=2=5N−M, M=5N−2을 얻는다. 십자점이 1개면 3번움직면 끝이므로 먼저 시작하는 사람이 이기고 십자점이 2개면 8번움직이면 끝이므로 먼저하는 사람이 지며, 십자점이 3개면 13번 움직이면 끝이므로 먼저하는 사람이 이긴다.

105

한 줄 님게임

① 21개의 돌이 있다고 할 때 1~3개를 집어갈수 있다고 하자.

② 아무것도 못가저 가는 사람이 진다고 하자.

전략 a. 위 게임에서 먼저 마법사는 먼저 1개를 가저간다.
b. 관중이 1~3개 가저갈 때 마법사는 3~1개를 가저가 4개가 없어지도록 한다.
c. 결국 마법사는 마지막을 가저가게 되어 이길수 있다.

만약 마지막 돌을 가저가면 지는 게임에서 마법사는 처음 몇 개의 돌을 가저가야 할까?

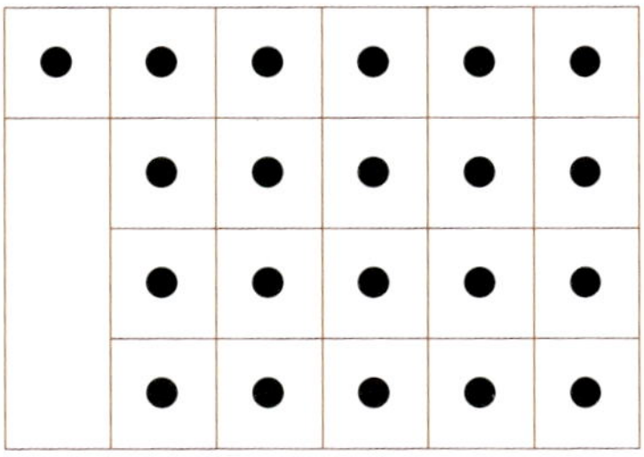

상대방과 내가 가저갈수 있는 최대수의 숫자로 나누어 남는 돌을 먼저 가저가면 된다.

전략 a. 위 게임에서 돌이 44개이고 돌을1~5개 가저갈수 있다고 할 때 이기는 전략은?
$44=6\times7+2$ 이므로 2개를 먼저 가저간다 .

b. 위 게임에서 마지막 돌을 가저가는 사람이 진다고 할 때 이기는 전략은?
나머지가 1이 되도록 먼저 1개의 돌을 가저간다.

106

두 줄 이상 님게임

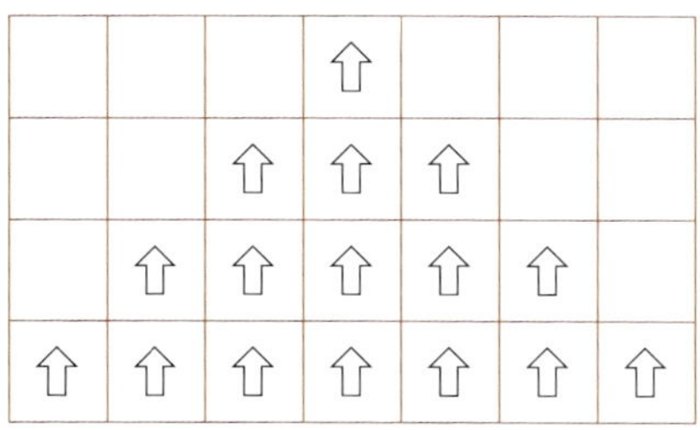

게임방법

① 두사람이 게임을 하는데 한번에 하나의 행에서 한 개에서부터 모두 가저갈수 있다.

② 단 자기차례에 자기가 선택한 줄에서만 가저갈수 있고 다른줄에서는 가저갈수 없다.

③ 바둑돌을 가저갈수 없는사람이 진다.

게임에서 이기는 수학 전략방법

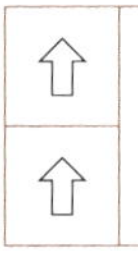

한 개씩 두줄일 때, 먼저하는 사람이 진다.

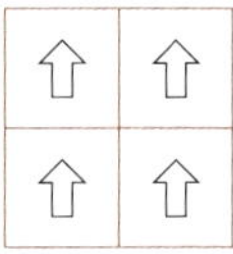

두줄에서 먼저 시작하는 사람이 진다. 어찌되든 두줄(행)의 개수가 같게될 때 먼저하는 사람이 진다. 즉 두줄의 개수가 짝수가 되도록 하는 사람이 이긴다.

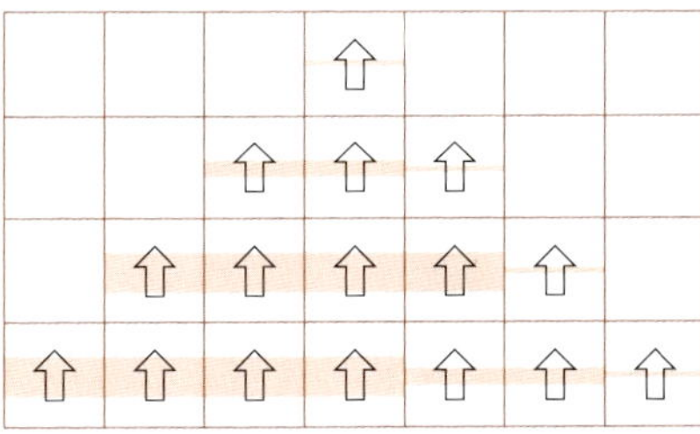

돌들을 1,2,4,8씩 묶는다.
(⇧ ⇧ ⇧ ⇧) (⇧ ⇧) (⇧) (⇧)
(⇧ ⇧ ⇧ ⇧) (⇧ ⇧) (⇧) (⇧)

이와같이 놓으면 독립된 4개의 게임을 하는것과 같다.이기는 전략은 서로다른 행의 돌 1,2,4,8씩의 돌의 개수의 합이 짝수가 되도록 하는 사람이 이기게 전략을 짤수 있다. 수를 가장 간단하게 나누는 방법으로 2진법으로 표현하는 방법이다. 위와 같이 1,2,4,8의 돌이 짝수일 때 시작하는 사람이 지게 된다.

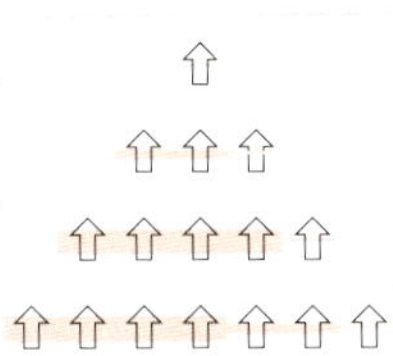

4	2	1
2	2	4

시작이 짝수이므로 먼저하는 사람(A)이 진다.

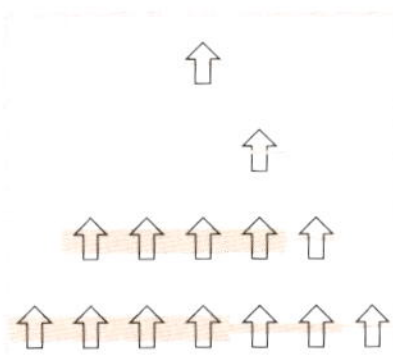

4	2	1
2	1	4

A가 2행의 두 개돌을 가져간 결과 두 개씩 짝지어진돌이 1개로 홀수가 되었다.

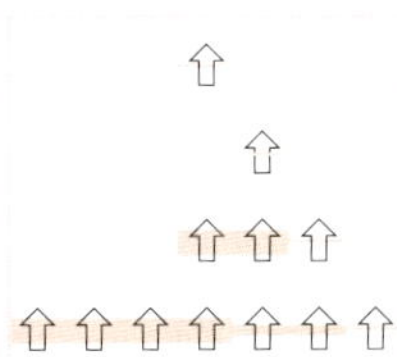

4	2	1
2	0	4

B는 4행의 돌두 개를 가져가 다시 짝수를 만든다.

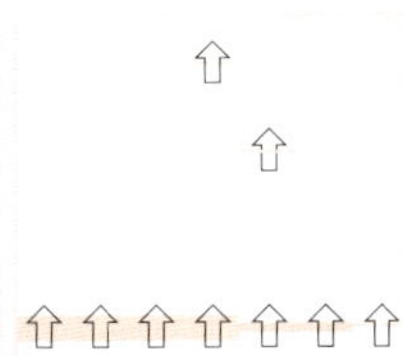

4	2	1
1	1	3

A가 3행의 돌세 개를 가져가 네개와 두 개짜리 돌이 홀수가 되었다.

4	2	1
1	0	2

4	2	1
0	1	2

4	2	1
0	0	2

4	2	1
0	0	1

B는 네 개,두개, 하나짜리가 짝수가 되게 유지를 하면 마지막 돌을 가져갈수 있다.

107

황금 님게임

두 개의 콩이 든 각 자루에서 임의 갯수대로 번갈아 콩을 꺼낼 때(같은갯수 만큼 두 개의 자루에서 같이 꺼내는 것도 포함) 마지막 콩을 꺼내는 사람이 이기는 님 게임은 다음 게임과 동형이다.

		시	작	위	치	●	
			•	•	•	•	
					•	•	시
				•		•	작
			•			•	위
							치
★							

게임방법

① 두 사람이 하는 게임으로 시작하는 사람이 맨 윗줄이나 맨 오른쪽 줄에 돌을 놓는다.

② 두번째 하는 사람은 말을 움직이는데 가로 세로 대각선 남, 서, 남서(대각선)방향으로만 진행가능하며 이동하는 칸의 개수는 상관없다.

③ 별이 있는 칸에 먼저 도달하는 사람이 이긴다.

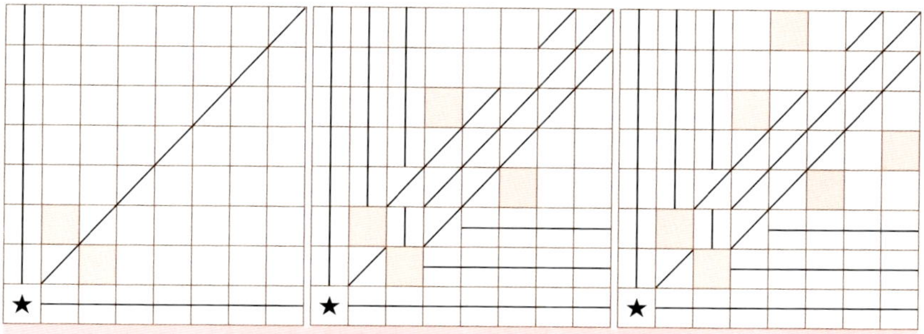

검은색 칸에 말을 놓게 되면 게임에 이기게 된다.

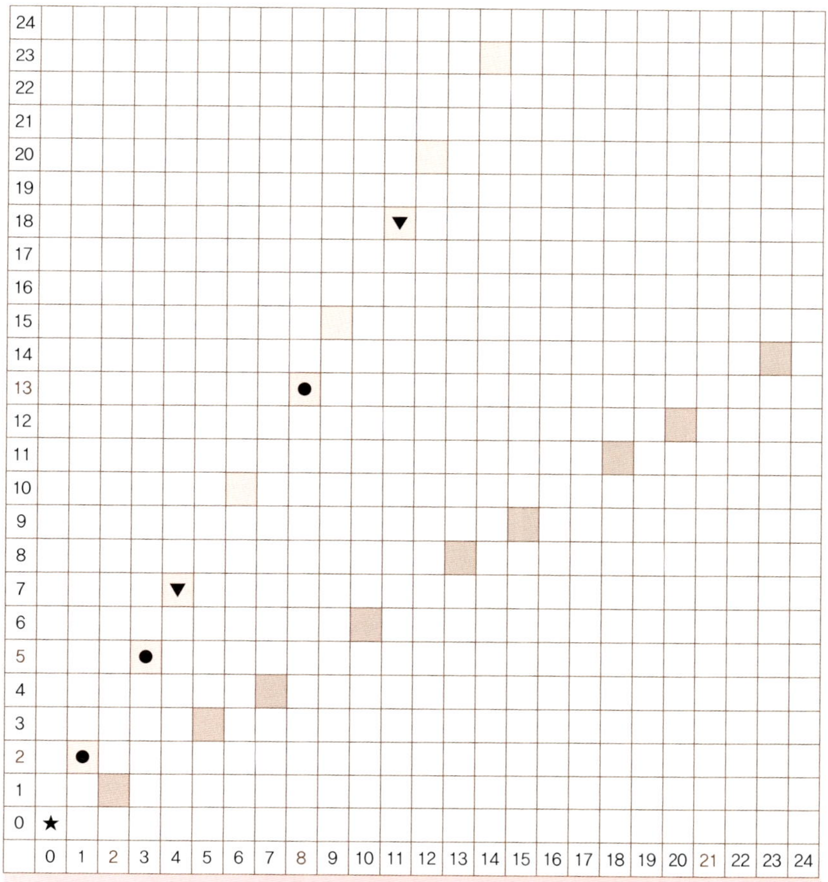

25 × 25 크기 게임에서 위 검은칸에 말을 놓게 되면 이기게 된다. 검은색 판의 위치를 (가로, 세로)로 대각선에 대칭인 한쪽만 나타내면 다음과 같은 규칙이 존재한다.

n	1	2	3	4	5	6	7	8	9	10	11	12	13	14	15
가로($n\Phi$)	1	3	4	6	8	9	11	12	14	16	17	19	21	22	24
세로($n\Phi^2$)	2	5	7	10	13	15	18	20	23	26	28	31	34	36	39

표의 첫째줄은 자연수 곱하기 황금비율에서 소수점자리 이하를 버린 값이고 둘째줄은 가로수에 자연수를 더한 결과로 자연수 곱하기 황금비율의 제곱에서 소수점 자리 이하를 버린값이된다.

좀더 분석하게 되면 검은칸의 좌표($\frac{가로}{세로}$)가 다음과 같은 피보나치 수열과 관련이 있음을 알수 있고 각 수열에서 빠진 수들이 새로운 피보나치 수열을 만들어 검은칸의 좌표를 만들게 된다

1,2,3,5,8,13,21,34, ... $\frac{1}{2}, \frac{5}{3}, \frac{8}{13}, \frac{21}{34}, \cdots$

4,7,11,18, ... $\frac{4}{7}, \frac{18}{11}, \cdots$

6,10,16,26, ... $\frac{6}{10}, \frac{16}{26}, \cdots$

9,15,24,39, ... $\frac{9}{15}, \frac{24}{39}, \cdots$

결국 이와 같은 방법으로 모든 자연수가 생성됨을 위의 표에서 볼수 있는데 검은칸(게임포인트) 좌표가 피보나치 수열과 수열의 이웃항의 비인 황금비율에서 비롯되니 황금게임의 이름이 붙을만하다.

108

대칭전략 1 게임

대칭전략을 사용하면 언제나 이길수 있는 게임을 알아보자.

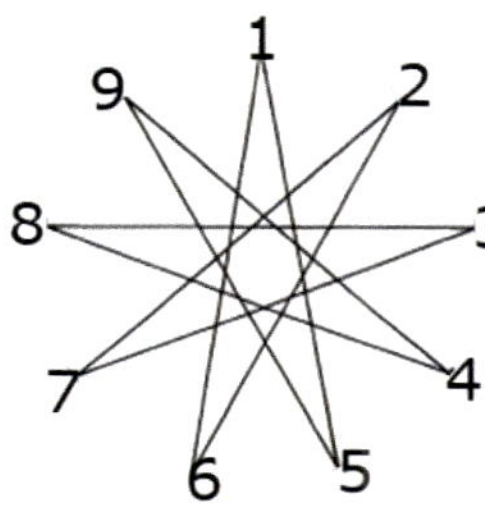

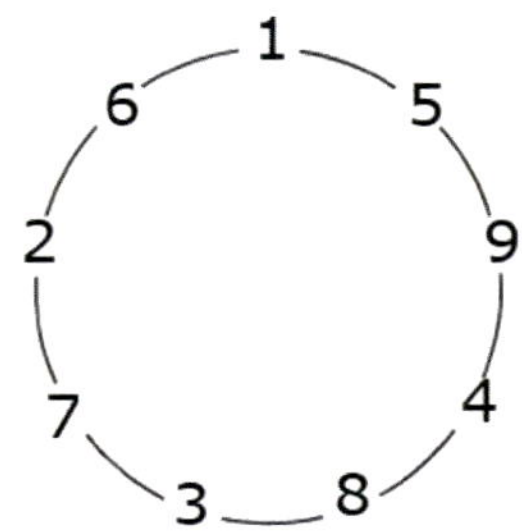

게임방법

별모양의 판에서 두사람이 번갈아 가며 돌을 집는데 한 개 또는 인접한 돌까지 두 개를 집을수 있다. 더 이상 가저갈수 없는 사람이 진다.

게임전략

① 두번째로 하는 사람(B)은 별모양을 원으로 만들어 분리되는 두 개의 집합을 만들려고 노력한다. 예를 들어 상대방(A)이 ❶을 집었다면 ❸❽을 집어 두집합을 만든다.

② A가 ❻❷를 집었다면 B는 ❺❾ 또는❾❹를 집으면 된다.

③ 이제 A는❼또는 ❹를 집게되고 나머지는 B가 집어 게임을 이길수 있다.

109

대칭전략 2 게임

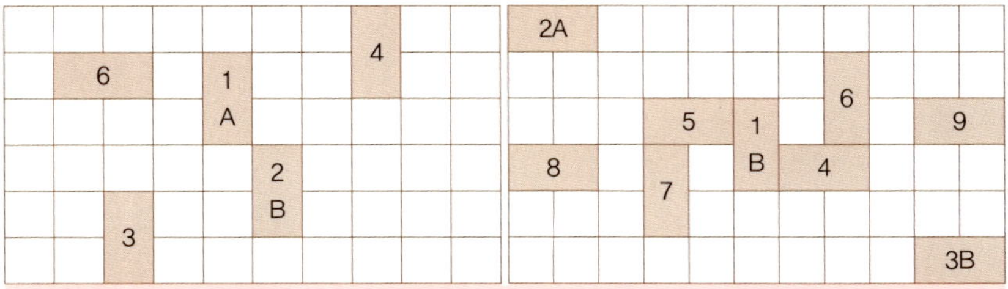

❶ ❷

게임방법

A, B 두 사람이 번갈아 가며 두칸(가로 또는 세로)를 채우는데 두칸을 못채우게 되는 사람이 지는 게임이다.

게임전략

❶ B는 가로 세로의 칸이 모두 짝수라면, 가운데 점을 중심으로 A가 채우는 칸과 대칭으로 칸을 채워 나가면 이긴다.

❷ 가로나 세로중 홀수칸이 있다면, 먼저 가운데를 선점한후 선점된 가운데 칸을 중심으로 A가 채워가는 칸에 대칭되도록 채워가는 방법이 있다.

110

게임의 변형

게임방법에 변화를 주면 그때마다 기존의 이기는 전략이 무색해지고 전혀새로운 전략이 나올수 있으며 게임의 전략을 찾는 것이 불가능할 수 도 있다.예로 님게임에서 마지막 돌을 가져가는 사람이 지는 룰로 변형이 가능하다.

5		4	
	2B		
	1 A		3

❶

10	8	11		12
	3		2	5
9		4		13
		1		
14	6		7	

❷

❶번 게임에서는 A, B가 칸을 채워나가는 방법에 제한을 두는 방법으로 A가 세로만 두칸 채울 수 있고 B가 가로만 채우는 방법으로만 진행할수 있는 변형이 있다.

❷번 게임은 절대적인 님적 요소를 도입하여 A는 세로로 칸을 점유하는데 가능한 점유되지 않은 모든칸을 점유할수 있다. B는 가로로 칸을 점유하는데 또한 점유되지 않는 모든칸을 점유할 수 있는 방법으로 게임을 바꿀수 있다.

게임의 변형은 학생들에게 창의력과 그에 따른 게임에 이기기 위한 전략과 순발력을 키워 줄수 있는 점에서 좋은 방법이다.

111

동전게임

O	X	O	X	O
X	O	X	O	X
O	X	O	X	O
X	O	X	O	X
O	X	O	X	O

게임방법

① 5×5격자판에 10원동전과 100원동전 각각 12개식 24개를 한칸을 비우고 수직과 수평방향으로 이웃하지 않게 교대로 놓는다.

② 한칸 씩 움직일 수 있는 동전이 먼저 시작하여 수직 또는 수평방향으로만 움직인다.

③ 움직이지 못하는 동전이 진다.

전략 a. 10원과 100원동전 한쌍을 블록으로 격자판에서 움직일 때 최소한 뒤에 따라가면 옮길수 있는 공간이 생긴다.

b. 마법사는 같은 블록을 만들고 구분하고 만들기 위하여 10원과 100원을 뒷면으로 하여 같은 블록은 동전제조년도를 같이한다.

c. 10원이 먼저 움직일수 있다면, 같은블록(같은제조년도)100원이 따라간다. 한1번 움직인 블록을 다시 움직일 필요가 없으므로 게임은 유한번 이내에 끝이난다.

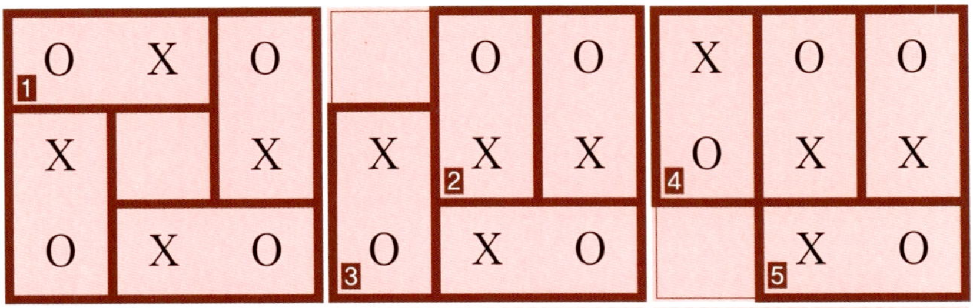

시작위치 관중이 시작X, 마법사가 O라 하자.

관중이 1의 X를 움직이면 O도 따라 움직여 2모양을 만든다. 3이 움직이면

3이 4로 된다. 5가 움직이면

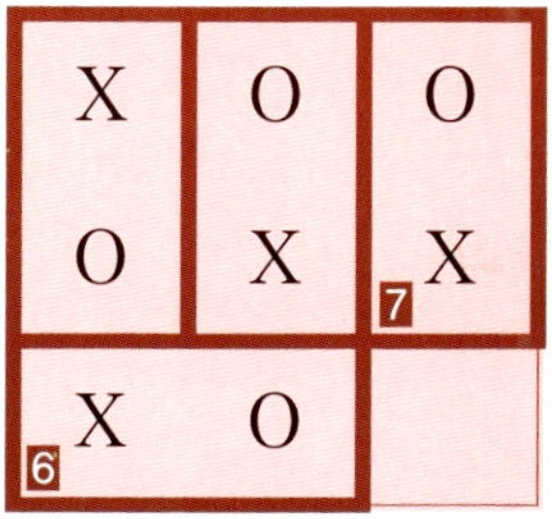

5가 6이 된다. 7이 움직이면

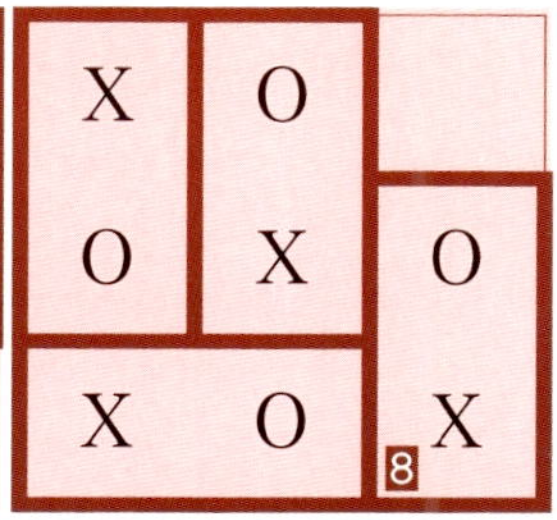

7이 8이 된다 ,이재 X가 움직여야 하지만 움직일수 없다 따라서 O가 이기게 된다.

112

위상 트릭게임

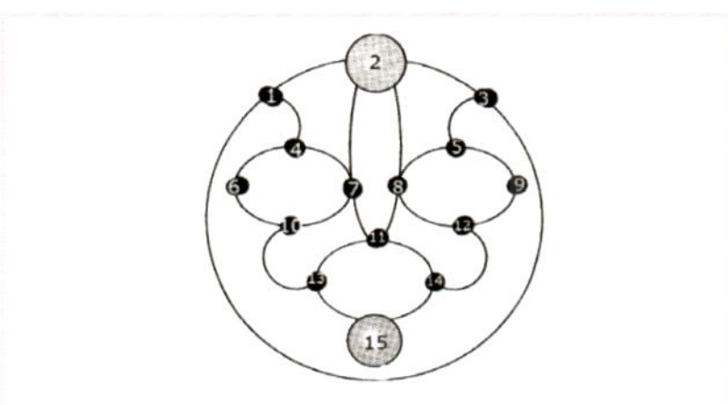

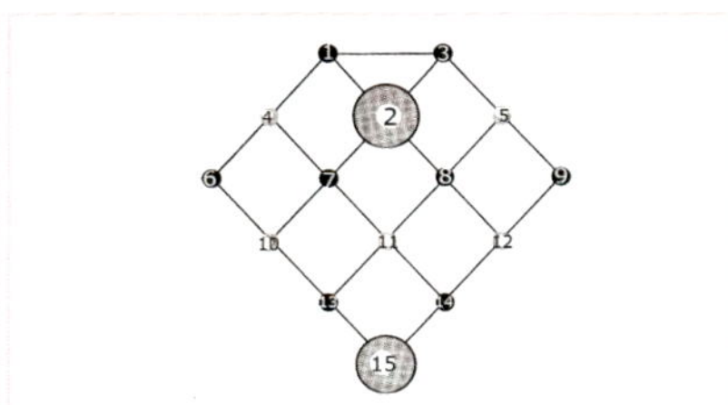

게임 방법

① 가위바위보를 하여 2(A)와 15(B)자리중 한 개를 선택한다.

② 선택한 자리에서 연결선인 자리로 한칸씩 이동가능한데, A는 먼저 시작해서 B를 잡아야 한다. 만약 실패하면 B가 이긴다.

게임전략

같은 연결상태인 옆의 그림을 살펴보자 처음 움직일수 있는 곳과 다음 움직일수 있는 곳을 구분하게 되면 A가 먼저 검은색 다음 하얀색 으로 움직이게되면 반복적으로 검정과 흰색을 반복하게된다, 또는 처음 검은색(1,3)-검은색(3,1)움직이면 흰색-검은색으로 바꾸어 반복할수 있다. 그에 반해 B는 검은색-흰색만을 반복하게 된다.

A가 지는 경우						
A	검	흰	검	흰	검	흰
B		검	흰	검	흰	검

A가 이기는는 경우						
A	검❶	검❸	흰	검	흰	검
B		검	흰	검	흰	검

A가 B를 잡기 위해서는 패턴을 검-검-흰-검으로 해야 된다. 흰 일 때 검를 잡지 못하지만 검일때는 검을 잡을수 있다.

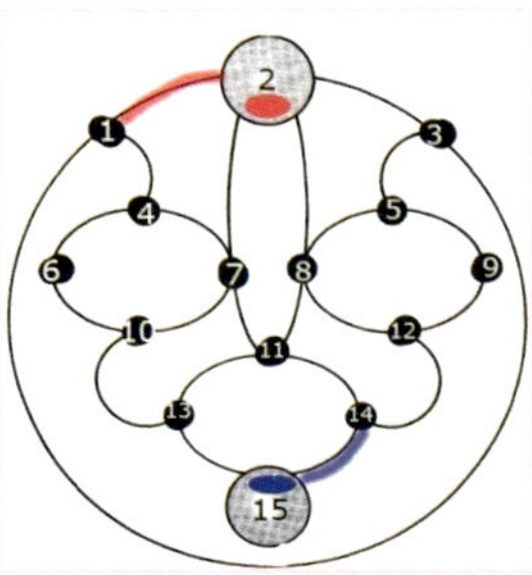

②가 ①로 움직이고 ⑮가 ⑭로 움직인다.

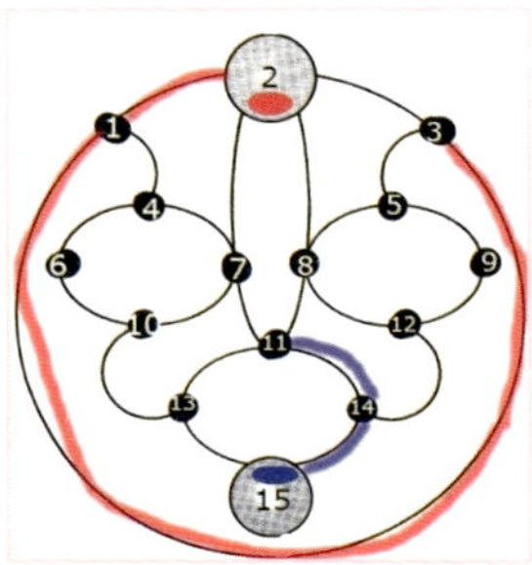

②가 다시 ③으로 움직여 움직일 수 패턴을 바꾼다.

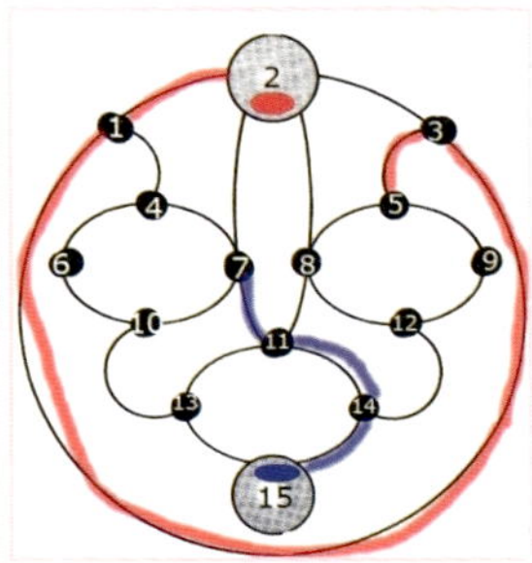

⑮는 움직일 수 있는 패턴을 바꿀수 없다.

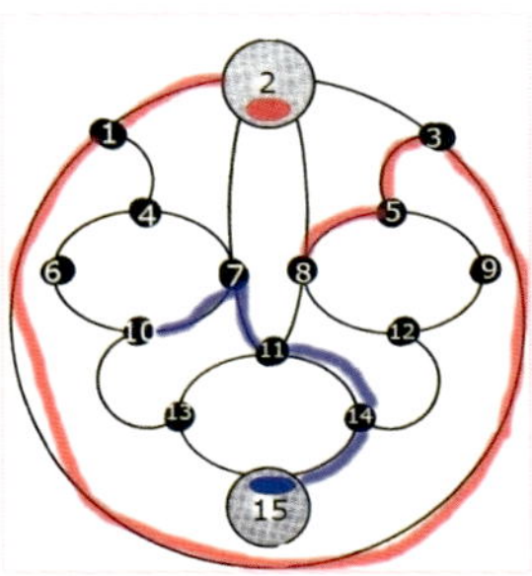

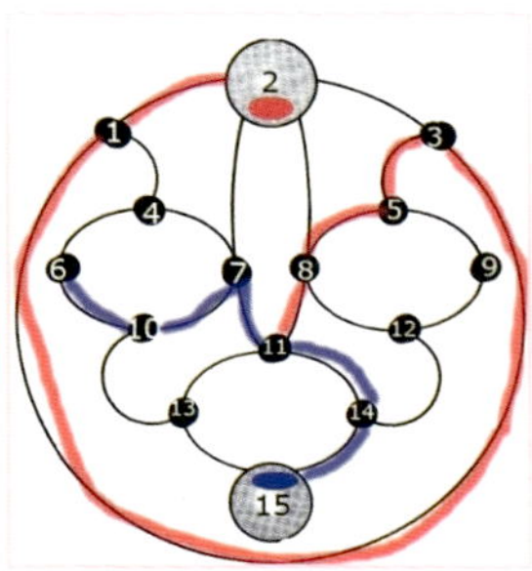

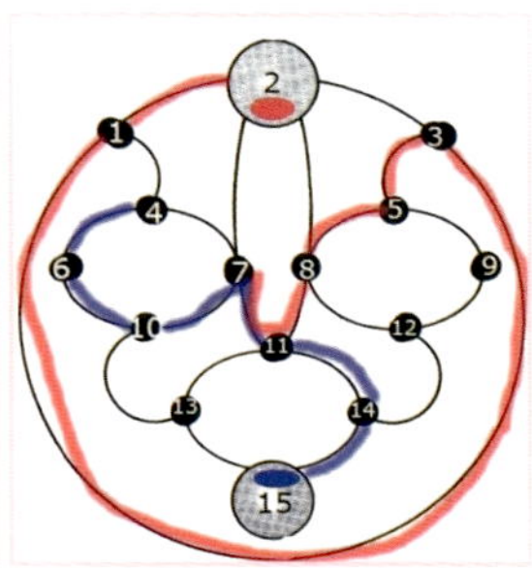

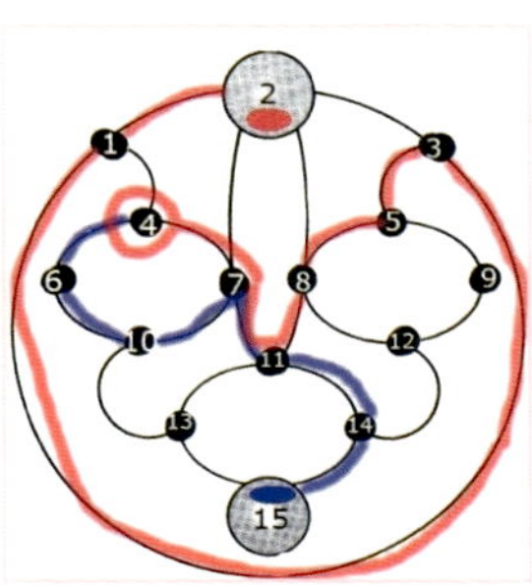

이제 ②는 ④에서 상대방을 잡을 수 있다.

카드 트릭 용어

덱(Deck): 한 벌의 카드를 일컫는말

풀덱(Full Deck): Full deck에는 총 4개(Diamond, Hearts,Spades, Clubs)의 옷(Suit)로 구성되어 있으며 한 개의 Suit는 총 13장(Ace~J,Q,K)로 구성이 되어 4×3=52장의 카드가 기본이여 이것에 joker 두장이 포함되면 52장의 카드로 구성되어진다.

옷(Suit): 한 개의 Suit에는 모두 13장(Ace~J,Q,K)로 구성되며 네가지가 있다.

하트♡: 사랑, 스페이드♥: 죽음,파멸, 다이아몬드◇: 재물, 돈, 클럽♣ : 사교, 만남

그림카드(Picture Card): Jack, Queens, Kings를 총칭하는 것으로 J,Q,K를 말합니다.

컷: 카드를 섞는 가장 간단한 방법으로 카드를 순서를 원모양으로 배열하였을 때, 순서를 바꾸지 않는 방법으로 Top에서 한 장 또는 몇장 전체를 맨 밑으로 옮기는 방법이다.

페이스다운(Face Down): 카드의 아랫면 또는 카드를 카드의 뒷머닝 보이도록 놓는 것을 말합니다.

페이스업(Face Up): 카드의 윗면(그림, 숫자)또는 카드를 카드의 윗면이 보이도록 놓는 것을 말합니다.

셋업(Set Up): 카드마법이 있기전에 준비과정이 이미 완료된 상태로 특별한 배열이나 순서로 재배열하여 놓은 덱을 말합니다.

탑 오브 덱(Top of Deck): Full Deck의 Face down을 기준으로 가장 윗부분의 낱장이나 패킷을 말합니다.

바텀 오브 덱(Bottom of Deck): Full Deck의 Face down을 기준으로 가장 아랫부분의 낱장이나 패킷을 말합니다.

키 카드(Key Card): 특정카드의 위치를 옮기는데 표식이 되는 카드.

참고문헌

Magical Mathematics: Persi Diacoins and Ron Graham, Princeton University Press.

The Twenty-Seven Card Trick: Calvain T. Long, The Mathematical Gazette. Vol. 75, No. 473.

Hexaflagon and other mathematical diversion: M. A. Martin the university of chicago press, Chicago and London.

Mathematical puzzle and diversion :M. A. Martin the university of chicago press, Chicago and London.

New mathematica diversion: M. A. Martin the university of chicago press, Chicago and London.

Unexpected hang and other diversions: M. A. Martin the university of chicago press, Chicago and London.

Mathematical carnival: M. A. Martin the university of chicago press, Chicago and London.

Martin gardner' s 6th book of mathematical diversion: M. A. Martin the university of chicago press, Chicago and London.

Mathematical magic show: M. A. Martin the university of chicago press, Chicago and London.

Mathematical circus: M. A. Martin the university of chicago press, Chicago and London.

The magic number of Dr. Matrix: M. A. Martin the university of chicago press, Chicago and London.

Wheel, life and other matical amusement: M. A. Martin the university of chicago press, Chicago and London.

Knotted donught and other matematical entertainment: M. A. Martin the university of chicago press, Chicago and London.

Time travel and other mathematical bewilderment: M. A. Martin the university of chicago press, Chicago and London.

Penrose tile to trapdor cipher and the return of Dr. matrix: M. A. Martin the university of chicago press, Chicago and London.

Fractal music and hypercard and more: M. A. Martin the university of chicago press, Chicago and London.

The last recreations hydras, Egg and other mathematical mystifications: M. A. Martin the university of chicago press, Chicago and London.

Mathematics, Magic and Mystery : M. A. Martin, Dover Publication, New York

Mathematical Card Magic Fifty-Two New Effects:Colm Mulcahy, CRC Taylor & Francis Group

A gamut of games:Sid Sackson. Dover Publication, New York

Self-working rope magic: Karl Fulves. Dover Publication, New York

Self-working number magic:Karl Fulves. Dover Publication, New York

참고한 유투브 및 인터넷 사이트

http://www.mathteacherscircle.org/assets/session-materials/SSantoricoMathemagicParticipants.pdf

http://www.math.umt.edu/tmme/vol5no2and3/tmme_vol5nos2and3_a13_pp.327_336.pdf

http://www.geometer.org/mathcircles/CardTricks.pdf.

http://www.thecardtrickteacher.com/mathematical-card-tricks-revealed.php

https://www.youtube.com/channel/UCIuScmttXWzLoXqs8kU3vWA

https://www.youtube.com/channel/UCnzvFz8eZ-LGkZv85Tg3GsQ

https://www.youtube.com/channel/UCetimk8fNERHoir_zKQbwiQ

https://www.youtube.com/channel/UC0bYERL8SDYwzm3VD5lPhcw

https://www.youtube.com/channel/UCT7EcU7rC44DiS3RkfZzZMg

https://www.youtube.com/channel/UCz4L2Xx_t0ACU3WV4zDiF4Q

https://www.youtube.com/channel/UCsUe_Tm_BvNmw9oz4UVVwDg

https://www.youtube.com/channel/UCIGWZOmyfj5s_n3_JmVging

https://www.youtube.com/channel/UCVnmlGVAPa43K6RM1Zh1RoA

https://www.youtube.com/channel/UCeQEKFH31vvD-InkTGSvCrA

https://www.youtube.com/channel/UCKeXa16clt79bbdVelLlqTg

https://www.youtube.com/channel/UCV1PAhcuv7hjQxUwpvQ9ctA

https://www.youtube.com/channel/UCe_vXdMrHHseZ_esYUskSBw

https://www.youtube.com/channel/UCOGeU-1Fig3rrDjhm9Zs_wg

https://www.youtube.com/channel/UC_OjzlVO230cu7vQYUSNNDw

https://www.youtube.com/channel/UC3iSDbZo0NaVgHImF7w2xJg

https://www.youtube.com/channel/UC6nSFpj9HTCZ5t-N3Rm3-HA

https://www.youtube.com/channel/UC0DeUThk5C6BxZP5TTnDGoA

https://www.youtube.com/channel/UCzQrtnJLZaH09xyZ1oKNq7Q

https://www.youtube.com/channel/UCxXDf-3GbFy6D3iKT4T1gLA

https://www.youtube.com/channel/UCw1CFPRbn-3CC3JTkPpiQ8w

https://www.youtube.com/channel/UCvGMGQC8gNkd4gwxSbABIlw

https://www.youtube.com/channel/UCXl0Zbk8_rvjyLwAR-Xh9pQ

https://www.youtube.com/channel/UCCtm3fBa8-cZbbuoPAwYcVg

https://www.youtube.com/channel/UC3utWbIqUy8EDvL46Ou5rUA

조 동 기

주요약력

건국대학교 수학교육과 졸업(2001)

한국교원대학교 대학원 졸업(2007, 석사)

현 경기도 남양주시 퇴계원고등학교 재직

주요 활동

'수학과 교육' 저널 기고(전국수학교사모임)

수학과 직무연수 강의(경기도 과학교육원)

수학체험프로그램 운영(중앙과학관, 과천과학관 및 관내외 지역)

수학체험프로그램 공모전 입선(노원수학문화관)

수학유희 I

2017년 2월 15일 초판 인쇄
2017년 2월 20일 초판 발행

감 수 • 이영숙
저 자 • 조동기
발행자 • 오판근
발행처 • (주) 교 우

주 소 • 서울특별시 동대문구 약령시로 8 교우빌딩 2층
전 화 • 925-2861~2, 편집부 / 925-2825, 홈쇼핑 / 969-5762
팩 스 • 925-2860
E-mail • kyowoo@kyowoo.co.kr
홈페이지 • http://www.kyowoo.co.kr
북스토어(쇼핑몰) • http://www.kyowoo.co.kr

등록 / 1994. 3. 24 제1994-000013호

ISBN 979-11-251-0192-5 (04410)
979-11-251-0191-8 (세 트)

값 12,000원